学术著作·航空宇航科学与技术

基于流动特性的
航空泛摆线泵优化设计

吕亚国　杨振军　葛剑东　张　岭　刘振侠　著

西北工业大学出版社
西　安

【内容简介】 本书较全面地介绍了航空一齿差泛摆线滑油齿轮泵的结构、工作原理和性能参数,其中重点关注影响该类型泵流场特性的主体结构设计。从流体力学的角度出发,讨论了该类型泵在不同结构工况和物理工况下的流动特性、空化特性、容积效率、脉动率的变化规律等,提出了一种建立航空泛摆线泵数据库的思路和方法,结合研究内容给出了一种基于流动特性的航空泛摆线泵的设计和优化方法。本书最后还介绍了神经网络在航空泛摆线泵设计中的应用,作为对泛摆线泵设计和优化方法的补充。

本书可供航空泛摆线泵设计、生产和使用部门的工程技术人员参考,也可作为高等院校相关专业研究生的专题性研究资料。

图书在版编目(CIP)数据

基于流动特性的航空泛摆线泵优化设计 / 吕亚国等著. -- 西安 : 西北工业大学出版社,2025. 2. -- ISBN 978 - 7 - 5612 - 9729 - 2

Ⅰ. TH325

中国国家版本馆 CIP 数据核字第 2025XB6444 号

JIYU LIUDONG TEXING DE HANGKONG FANBAIXIANBENG YOUHUA SHEJI
基 于 流 动 特 性 的 航 空 泛 摆 线 泵 优 化 设 计

吕亚国　杨振军　葛剑东　张岭　刘振侠　著

责任编辑:胡莉巾		策划编辑:胡莉巾	
责任校对:王玉玲		装帧设计:高永斌　徐媛媛	

出版发行:西北工业大学出版社

通信地址:西安市友谊西路 127 号　　　　邮编:710072

电　　话:(029)88493844　88491757

网　　址:www.nwpup.com

印 刷 者:西安五星印刷有限公司

开　　本:710 mm×1 020 mm　　　1/16

印　　张:11.375　　　　　　　　彩插:4

字　　数:223 千字

版　　次:2025 年 2 月第 1 版　　　2025 年 2 月第 1 次印刷

书　　号:ISBN 978 - 7 - 5612 - 9729 - 2

定　　价:68.00 元

如有印装问题请与出版社联系调换

前　言

　　写作本书的主要目的有两点：一是对笔者团队承担的工程项目研究结果进行深度梳理和总结；二是为从事航空泛摆线泵设计、生产相关工作的工程人员提供理论和技术参考。

　　本书研究的核心问题为航空一齿差泛摆线滑油齿轮泵的设计和优化。首先通过介绍齿轮泵的分类引入本书主要研究的齿轮泵类型——航空一齿差泛摆线滑油齿轮泵。然后通过介绍齿轮泵的应用和研究现状，提出该类型泵的设计和优化问题。在泵的结构设计优化中，流体力学设计和固体动力学设计之间的流程是相互交织的。一方面，流体力学设计的结果会影响固体动力学设计，这是因为流体的流动特性会直接影响固体部件的受力情况；另一方面，固体动力学设计的结果也会反馈给流体力学设计，这是因为固体部件的形状和尺寸会改变流体的流动特性。

　　本书主要从流体动力学角度出发，根据泵的性能指标（如效率、流量、压力、脉动等）要求等，结合已有设计经验来进行局部的结构优化和调整，得到新的改型结构；对经过流体性能优化后的改型结构进行初步固体动力学、流固耦合验证优化，进一步调整结构，在每一次修改结构后进行流体力学的性能验证，直到满足设计要求。第1章的末尾明确给出了本书的主要设计思路。第2、3章介绍了航空一齿差泛摆线滑油齿轮泵的结构、工作原理、性能参数等，从而为第4、5章讨论结构参数和物理参数对泵的性能的影响规律奠定理论基础。在第4、5章引入了大量的工程实例，从流体力学角度详细说明了各因素影响泵的性能的规律。第 6 章提出了航空一齿差泛摆线滑油齿轮泵的设计和优化一般流程,并将泵的性能变化规律融入整个设计和优化过程,同时通过建立航空泛摆线泵数据库为设计和优化提供数据基础,进而大幅缩短设计时间,提高设计和优化能力。第 7 章是对泵的优化设计方法的进一步延伸,结合第 6 章建立的数据库及大量的工程实例数据,建立了基于航空泛摆线泵特性的神经网络算法。

本书具体撰写分工如下:第 1 章由吕亚国和刘振侠撰写,第 2 章由张岭撰写,第 3 章和第 6 章由葛剑东撰写,第 4、5 章由杨振军和刘振侠撰写,第 7 章由刘振侠撰写。吕亚国和葛剑东负责全书统稿,杨振军负责全书审核。

在撰写本书的过程中,笔者查阅了相关工程技术文件及科研论文,参考了相关专家的研究工作,在此一并表示感谢!

由于水平有限,书中难免存在欠妥之处,恳请读者批评指正。

著 者

2024 年 9 月

目　录

第 1 章　绪　　论

▶ 1.1　泵的发展概述

　　泵的出现最早是为了满足人类对农业灌溉、汲水的需求,其起源可以追溯到两千多年前,当时人们已经开始使用各种提水器具来进行灌溉和排水。这些器具可以说是泵的雏形,虽然它们的结构和功能相对简单,但为后来的泵的发展奠定了基础。

　　我国古代的提水器具如桔槔和辘轳就是早期泵的代表。桔槔是一种利用杠杆原理工作的汲水工具,而辘轳则通过旋转手柄来升降水桶。图 1-1 和图 1-2 分别为桔槔和辘轳的简单示意图。这些工具在古代农业生产和生活中发挥了重要作用。

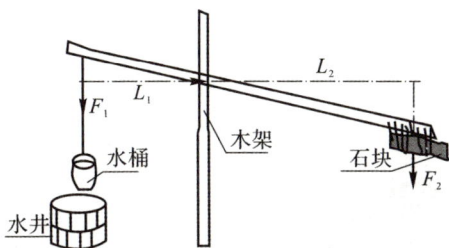

图 1-1　桔槔

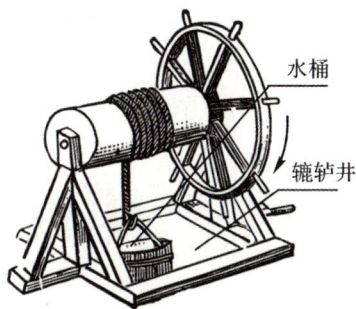

图 1-2　辘轳

　　水力翻车和筒车也是我国古代泵类工具的优秀代表。这些早期的水泵的使用极大地推进了我国农业、渔业、林业的发展。

　　水力翻车(见图 1-3),也称为水转翻车或龙骨水车,是我国古代利用齿轮和链传动原理来汲水的一种重要的灌溉农具。它起源于东汉晚期,由毕岚发明并制作,后在三国时期由马钧予以完善和推广。水力翻车最初是以人力为动力的,后逐渐发展为利用畜力、水力和风力等自然力量来驱动。在长期的使用过程中,人们还发展出了脚踏式水力翻车等更高级的形式。水力翻车不仅制作简便,而且提水灌溉农田效率高,是古代农业生产和生活中不可或缺的重要工具。

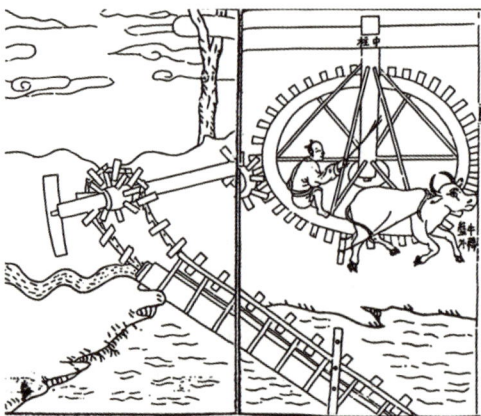

图 1-3　水力翻车

图片源自 Artlib 世界艺术鉴赏库

筒车是我国古代另一种水利灌溉工具。它利用水力运转的原理,通过木制或竹制的大立轮和轮周装设的木筒或竹筒来取水,流水自转导灌入田,不需要人力。筒车的出现大大提高了灌溉的效率和便利性,是我国古代水利灌溉的重要工具之一。图 1-4 为明代《天工开物》中描述的筒车。根据材质的不同,筒车可分为竹筒车和木筒车两种。此外,在不同的历史时期筒车仍然不断发展和改进,如隋唐时期出现了以水流为动力的水转翻车,实现了"全自动化"。

图 1-4　筒车

水力翻车和筒车的发明是我国古代劳动人民智慧和创造力的卓越成果,是我国古代科技文化的重要组成部分。至今,一些地区仍在使用类似的灌溉工具,它们依然发挥着重要作用,帮助人们维持和发展农业生产。

在国外,人们也一直在探索高效和便捷的提水方法。古希腊的阿基米德在公元前 3 世纪发明了螺旋杆,这种装置可以平稳连续地将水提至几米高处,如图 1-5 所示。其原理仍为现代螺杆泵所使用。

图 1-5 螺旋杆提水原理

进入工业革命时期,泵的技术得到了飞速发展。近代水泵的发展主要发生在 18 世纪至 19 世纪。英国蒸汽机的发明和应用使得泵的驱动方式彻底改变,并标志着现代活塞泵的形成——这种泵利用蒸汽的力量来驱动活塞进行抽水。到 20 世纪 20 年代,低速且流量受限的活塞泵逐渐被高速的离心泵和回转泵代替。随后,多种不同类型的泵相继问世,包括轴流泵、混流泵等。这些泵不仅提高了抽水效率,还为工业生产和城市供水提供了有力支持。

图 1-6 为 QFIHH 系列化工离心泵,其工作主要依赖于叶轮的旋转:叶轮通常由电机驱使而高速旋转,带动其中的液体也随之旋转,在离心力的作用下,液体从叶轮中心被甩向外缘,并进入泵壳内的流道。该泵主要用于石油、化工、合成纤维、电站、冶金、食品及医药等工业部门,用来输送不含悬浮颗粒的腐蚀性或不允许污染的介质。

从 1868 年开始到 1949 年中华人民共和国成立前,为我国泵产业的萌芽期。在那个时期,中华大地上有了 4 个专业泵厂:长春魁利金制泵厂、北京同益水泵厂、香港地产建设商会(Reda)泵公司以及上海洽兴抽水机修造社。

我国的泵产业基础建立于 20 世纪 50—70 年代。通过大规模投资和技术改造,我国石油、化工、矿业用泵的研发和生产能力得到提高,先后研发了 y 型离心泵、f 型耐腐蚀泵、dks 型管道泵、fn 型熔融尿素泵、高速分流泵和矿用多级泵。

在我国进入改革开放时期后,泵产业也进入快速增长时期,各大工业泵厂相继引进国外制造工艺。到 1990 年,我国的水泵生产企业数量迅速增加至 949 家,年制造水泵达 3 664 000 台,销售额达 3.429 亿元人民币。

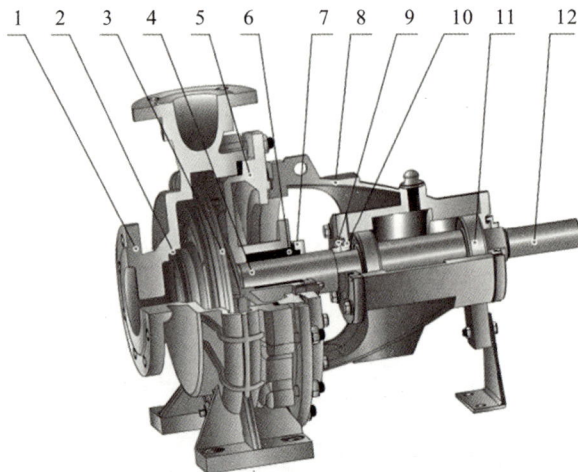

图 1-6 QFIHH 系列化工离心泵结构图

来源于昆明奇峰泵业有限公司官网

1—泵体； 2—前承磨板； 3—叶轮； 4—轴套(填料)； 5—泵盖； 6—填料；
7—填料压盖； 8—悬架； 9—防尘盘； 10—轴承压盖； 11—轴承； 12—轴

20 世纪 90 年代初,随着市场经济环境的逐步形成,民营泵产业兴起并迅速发展。从 1998 年至今,我国泵产业步入高速发展时期。

当前泵已经成为现代工业和生活中不可或缺的设备。随着科技的进步和人们对能源效率、环保性能的要求不断提高,泵的设计和制造技术也在不断创新和完善。未来,泵将继续在各个领域发挥重要作用,为人们的生活和生产带来更多便利和效益。

现代工业和生活中的泵是一种机械装置,其主要功能是输送流体或使流体增压。具体来说,泵能将原动机的机械能或其他外部能量传送给液体,从而使液体能量增加。泵主要用来输送水、油、酸碱液、乳化液、悬乳液和液态金属等液体,也可输送液气混合物及含悬浮固体物的液体。其广泛应用于化工、石油、农业、矿业、冶金、电力、国防等领域,以及人们的日常生活中。

在化工和石油部门的生产中,原料、半成品和成品大多是液体,而将原料制成半成品和成品,需要经过复杂的工艺过程,泵在这些过程中起到了输送液体和提供化学反应的压力流量的作用。此外,在很多装置中还用泵来调节温度。

在农业生产中,泵是主要的排灌机械。我国农村每年都需要大量的泵,一般来说,农用泵占泵总产量的一半以上。

在矿业和冶金工业中,泵也是使用最多的设备。矿井需要用泵排水,在选矿、冶炼和轧制过程中,需要用泵来供水等。

在电力部门,核电站需要核主泵、二级泵、三级泵,热电厂需要大量的锅炉给水泵、冷凝水泵、油气混输泵、循环水泵和灰渣泵等。

在国防建设中,飞机襟翼、尾舵和起落架的调节,军舰和坦克炮塔的转动,潜艇的沉浮等都需要用泵泵送高压液体且无任何泄漏。

总之,无论是飞机、火箭、坦克、潜艇,还是钻井、采矿、火车、船舶,或者是日常生活,到处都需要用泵,到处都有泵在运行。正是这样人们才把泵列为通用机械,它也成为机械工业中的一类主要产品。

泵的种类繁多,可以根据不同的标准进行分类。以下是几种常见的分类方式。

按工作原理分类:泵可分为容积式泵、动力式泵和其他类型泵。容积式泵通过工作部件的运动造成工作容积周期性地增大和缩小来吸排液体,并直接使液体的压力能增加。动力式泵则依靠叶轮带动液体高速回转,把机械能传递给所输送的液体。

按结构分类:泵可分为单级泵和多级泵。单级泵只有一个转子,多级泵则有两个或更多的转子。此外,泵还有液下式、筒式、地坑筒式、抽出式、自吸式、屏蔽式等多种结构形式。

按用途分类:泵可分为给水泵、循环泵、排污泵、杂质泵、泥浆泵、污水泵、清水泵、消防泵、增压泵等。

按驱动方式分类:泵可分为电动泵、水轮泵、气动泵、电磁泵、手动泵等。

此外,泵还可以按压力、吸入类型、支承类型、轴向平衡等多种方式进行分类。在选择泵时,需要考虑多种参数,如扬程、流量、功率、效率等,以满足实际使用需求。

总的来说,泵的种类丰富多样,其分类方式也多种多样。每种泵都有其特定的应用场景和优势。在选择泵时,需要根据具体的使用需求、工作环境和液体性质等因素进行综合考虑。在实际应用中,需要根据具体的使用场景和需求来选择泵的类型。

▶ 1.2 齿轮泵的发展和研究现状

齿轮泵属于容积式泵的一种,其核心部件为一对内啮合的齿轮,通过内外齿轮的旋转,在泵入口处形成负压,液体经过齿轮泵的强制加压被输送至出口,形成供液过程。

早在两千多年前,人类就发明了齿轮传动装置。据史料记载,公元前400—200年我国已经开始使用齿轮,图1-7为在我国山西出土的青铜齿轮,它是迄今为止人们发现的最古老的齿轮。作为反映古代科学技术成就的指南车也是以齿轮机构为核心的机械装置。图1-8为马钧(公元235年)所制的指南车示意图,其除有齿轮传动外,还有离合装置,说明当时齿轮系已发展到一定程度。指南车的发明,说明我国古代对齿轮系统的应用在世界上居于遥遥领先的地位,实际上,它也是现代车辆上离合器的先驱。

图1-7　山西出土的齿轮

图片来源:https://baijiahao.baidu.com/s? id=1784052964214789837&wfr=spider&for=pc

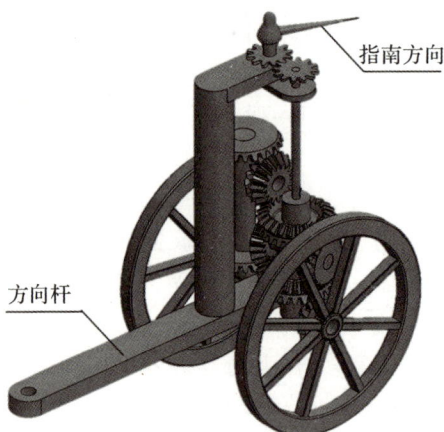

图1-8　指南车示意图

早期的齿轮由木料或金属制造成形,只能传递两轴间的回转运动,不能保证传动的平稳性,承载能力也很差。随着生产的发展,齿轮运转的平稳性逐渐受到重视。1674年,丹麦天文学家罗默首次提出用外摆线作齿廓曲线,以得到运转平稳的齿轮。1733年,法国数学家卡米发表了齿廓啮合基本定律。1765年,瑞士数学家L. Euler建议采用渐开线作齿廓曲线。18世纪欧洲工业革命以后,齿轮技术得到高速发展,人们对齿轮进行了大量的研究,进一步发展了摆线齿轮和渐开线齿轮。渐开线圆柱齿轮应用于 19 世纪出现的滚齿机和插齿机上,解决了渐开线齿轮的大批量生产难和精度低的问题,从此渐开线齿轮在工业界占据了绝对优势地位。1923 年,美国的怀尔德哈伯最先提出圆弧齿廓齿轮。1955年,苏诺维科夫对圆弧齿轮进行了深入的研究,圆弧齿轮遂得以应用与生产。这种齿轮的承载能力和效率都较高,但尚不及渐开线齿轮那样易于制造,还有待进一步改进。

将齿轮传动应用于泵(即发明齿轮泵)可以追溯到数百年前。直到 20 世纪初,随着液压技术的迅速发展,齿轮泵才得到广泛的应用,成为液压传动系统的核心组成部分之一。

齿轮泵作为齿轮在工业中应用的一种重要装置(见图 1 - 9),在液压传动与控制技术中被广泛使用,其主要特点是结构简单、体积小、重量轻、自吸性好、耐污染、使用可靠、寿命较长、制造容易、维修方便、价格低。早期的齿轮泵齿廓曲线采用渐开线(见图 1 - 10),虽然其具有很多优点,比如传动比准确、使用寿命长,但也有由流量和困油引起的压力脉动较大、噪声较大、排量不可变、高温效率低等缺点。这些缺点在某些结构经过改进的齿轮泵上已得到了很大程度的避免,比如摆线泵。近年来,齿轮泵的工作压力有了很大提高(额定压力可达 30 MPa 以上)。另外,产品结构也有不少改进,特别是三联、四联齿轮泵的问世,部分地弥补了齿轮泵不能变量的缺点,而复合齿轮泵的出现使齿轮泵的流量均匀性得到了很大的改善[1-2]。其使用领域也在不断扩大,许多过去使用柱塞泵的液压设备(如工程起重机等)也已改用齿轮泵。

(a)   (b)

图 1 - 9   齿轮泵结构
(a)外啮合齿轮泵结构;   (b)内啮合齿轮泵外观

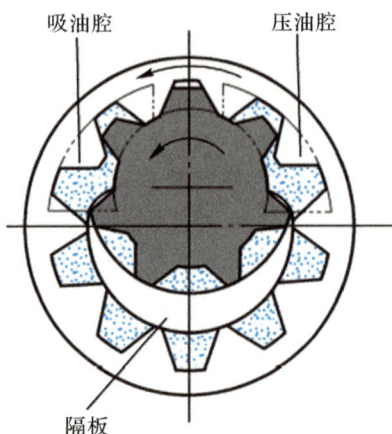

图 1－10　内啮合渐开线齿轮泵原理图

目前关于齿轮泵的研究主要集中在以下方面。

（1）齿轮结构及泵体结构的优化设计。

齿轮结构和泵体结构的优化设计决定着泵的流量特性和啮合特性指标。齿轮结构参数主要指齿廓曲线参数和齿宽，泵体结构参数主要包括泵的进出口、油腔等形状的设计[3-10]。

（2）困油及卸荷措施研究。

齿轮泵的困油现象可能会导致泵内油液局部发热、油液空化，以及产生强烈的噪声等，同时使机件（如轴承）承受额外的负载，对齿轮泵乃至整个液压系统都将会产生很大的危害。困油冲击与齿轮啮合重叠系数的大小和卸荷是否完全等有很大关系。消除困油的方法是在泵体内适当位置开合适形状和面积的卸荷槽[11-19]。

（3）齿轮泵的流量特性研究。

齿轮泵的流量特性主要指泵的出口流量、脉动特性。由于齿轮泵独特的结构，其出口流动必定伴随着脉动，合理地设计齿轮结构参数、选择合适的物理工况能够有效地降低泵的脉动，同时能一定程度地提高泵的流量，减少空化现象等[20-27]。比如同样条件下，齿数多的泵脉动小，但流量也小。

（4）新型齿廓曲线的齿轮泵研究。

随着计算机辅助设计技术和数控加工技术的飞速发展，许多过去认为很复杂的曲面齿廓的设计和制造就变得相对容易。于是，除了渐开线、泛摆线齿廓齿轮泵[28]外，目前仍有很多其他形状齿廓的齿轮泵正在被研究，如直线共轭齿廓齿轮泵[29]、外圆弧及其包络线齿形的楔块式（内啮合）齿轮泵[30]等，研究者试图找寻一种综合性能最优良的泵。

（5）复合齿轮泵的特性研究。

复合齿轮泵是一种特殊的齿轮泵，它的主要特点在于其连续接触齿轮的设计。这种设计采用双圆弧加正弦曲线复合成形，彻底淘汰了传统的渐开线齿轮输送泵。复合齿轮泵可使齿轮泵的流量脉动大幅度降低，同时具有排量大、体积小、机械效率高、啮合力相互平衡等优点，正日益受到重视[31]。

（6）斜齿齿轮泵的研究。

斜齿齿轮泵指齿轮的齿宽方向与轴有一定的夹角。斜齿齿轮泵的水力特性研究目前也主要集中在泵的流量及脉动特性、泄漏特性等方面[32-35]。

（7）齿轮泵噪声控制。

齿轮泵的噪声是由流量脉动、啮合冲击、空化、气蚀等现象引起的，因此控制噪声要从降低流量脉动和啮合齿廓间的相对滑动速度、减弱甚至消除气蚀现象等入手[36-43]。

（8）齿轮泵变排量方法研究。

由于齿轮泵的啮合特点，要使其排量可调一直是一个难题，改变排量意味着要实现齿轮泵的结构可变，对此目前尚无有效的解决方案。

（9）齿轮泵高压化的途径研究。

压力的提高将导致间接作用在轴上的不平衡径向液压力变大，从而导致轴承寿命大大缩短，泵的寿命降低，同时泵的泄漏加剧，容积效率下降。目前的研究主要是通过采用径向间隙自动补偿、合理地优化齿轮参数、缩小排液口尺寸、采用平衡式复合齿轮泵、提高轴承承载能力等方法来降低径向不平衡力并减少泄漏问题的[44-50]。

（10）小型化、高速化、标准化设计研究。

泵的小型化、高速化、标准化设计在提高生产效率、节约资源、方便使用和维护、提高安全性等方面都具有重要意义。随着工业技术的不断发展和进步，这些设计理念将会得到更广泛的应用和推广[51-55]。

计算机科学的发展为科学计算及数据处理提供了高速和高精度的计算工具，借助计算机，研究者们可以精确地对各种齿轮泵研究中涉及的计算过程进行精确求解，如流量特性的精确求解和计算机仿真、复杂齿廓曲线的绘制等，可以大大缩短泵的研制周期。对于上述大多数问题，都可采用计算机仿真模拟来进行一定程度的分析和预测。

本书重点探讨的主要问题为齿轮结构和泵体结构的优化设计以及齿轮泵的流量特性，即研究齿轮泵齿轮设计参数、泵的结构设计参数、物理工况等对泵的流量及脉动性能的影响。

▶ 1.3 内啮合摆线齿轮泵的发展和研究现状

在渐开线齿轮出现之前,摆线齿轮就已在钟表工业中应用了,后来的机器制造中也开始采用摆线啮合。19世纪渐开线啮合迅速发展,特别是在发明了用滚切法切制轮齿以后,它几乎把摆线齿轮啮合在机器和仪器中的应用全部替代了,只有在钟表机构中是个例外。渐开线齿轮的优点很多,尤其是相比于摆线齿轮,其齿形是一种曲线,制造相对容易。但近年来摆线啮合在各种形式的摆线泵中获得了应用和发展,数控技术的发展为复杂曲线啮合齿廓的加工提供了有利的技术支持,同时也为摆线泵的应用和发展提供了广阔的市场前景[56]。

相较于渐开线齿轮泵,同样体积大小的内啮合摆线齿轮泵流量大、容积效率高、转速特性好,可用于高速传动。20世纪30年代末,日本开始着手摆线泵的研制工作,如今内啮合摆线转子齿轮泵已开始应用于高档汽车,并开始逐渐取代渐开线齿轮泵,成为航空发动机主要采用的滑油泵。在航空发动机上采用内啮合摆线滑油齿轮泵来对发动机各个轴承进行润滑和冷却,为滑油系统的工作提供动力。滑油泵对滑油系统甚至整个发动机性能的影响至关重要。

目前国内外压力从0.5 MPa至25 MPa(最高压力达到31.5 MPa),流量从3 L/min至400 L/min,转速从几百转每分到上万转每分的内啮合摆线齿轮泵均有生产;应用于航空滑油系统的内啮合摆线齿轮泵其转速一般较大,通常在3 000～8 000 r/min之间,小型发动机的滑油泵转速甚至可达10 000 r/min以上。我国的内啮合摆线齿轮泵产量不大,特别是内啮合摆线齿轮泵和其他非渐开线齿廓啮合齿轮泵,基本还处于初级阶段。目前,我国的齿轮泵产品性能还比较低,与国外同类产品相比,还有不小的差距。

目前,我国航空滑油齿轮泵的发展主要面临以下几个问题[57]:

(1)在转子设计方面,目前我国大多以测绘或试凑的方式确认内、外转子参数。

(2)高转速齿轮泵高空容积效率低。航空滑油齿轮泵设计要求高空容积效率应至少保持为地面容积效率的50％～60％,而转速越高,高空工况容积效率越低,当转速超过10 000 r/min时,容积效率随工作高度升高急剧下降,难以达到性能要求。

(3)流量脉动及压力脉动控制。虽然泛摆线齿轮泵相对于渐开线齿轮泵脉动大幅降低,但是其作为容积式泵,仍然无法避免流量脉动及伴随产生的压力脉动。封死腔内压力过大,容易造成滑油齿轮泵卡死,甚至产生泵断轴的现象,而且过大的压力脉动也会产生严重影响系统性能的冲击。

因此,提高航空滑油齿轮泵转速,保证高转速下泵的寿命及性能是一项具有实际意义的研究内容。

▶ 1.4 内啮合摆线齿轮泵的类属和特点

从工作原理来看,内啮合摆线齿轮泵为容积式泵的一种。容积式泵即靠工作部件的运动造成工作容积周期性地增大和缩小,从而实现吸、排液体,并靠工作部件的挤压而直接使液体的压力能增加。常见的容积式泵根据运动部件的结构不同,主要有柱塞泵、叶片泵、齿轮泵、螺杆泵和其他泵等。内啮合摆线齿轮泵在整个容积泵中的类属如图 1-11 所示。

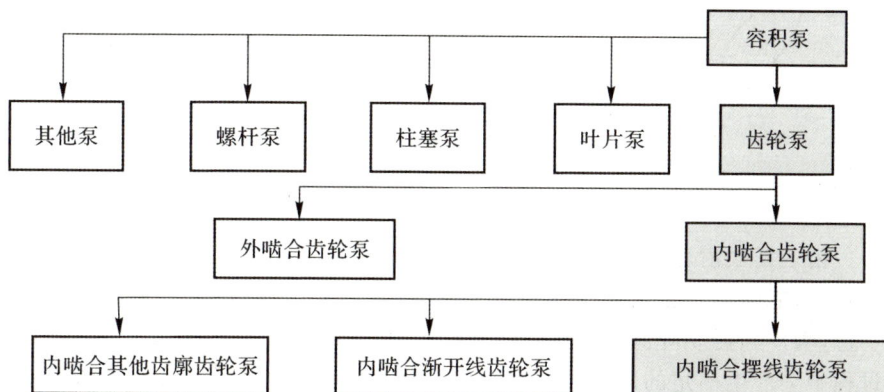

图 1-11   内啮合摆线齿轮泵在容积泵中的类属

齿轮泵按啮合方式可分为外啮合和内啮合两大类。内啮合摆线齿轮泵原理如图 1-12 所示,外啮合齿轮泵原理如图 1-13 所示。

按照齿廓曲线的不同,内啮合齿轮泵可分为内啮合摆线齿轮泵、内啮合渐开线齿轮泵,以及其他齿廓曲线内啮合齿轮泵。与内啮合渐开线齿轮泵相比,单位体积内啮合摆线齿轮泵的排量更大,脉动更小。

内啮合摆线齿轮泵以其结构紧凑、体积小、流量大、运转平稳、不易产生"气穴"、容积效率较高等优点而倍受重视,被广泛应用于化工、机械、食品、纺织、航天等行业中,其产量在齿轮泵的总产量中占有很大比例。

内啮合摆线齿轮泵主要包括一齿差啮合的普通摆线齿轮泵(简称一齿差摆线齿轮泵)和多齿差摆线齿轮泵。一齿差摆线齿轮泵采用完整的短幅外摆线或者短幅外摆线的等距曲线作为内转子的齿廓,外转子的齿廓采用与其共轭的圆弧齿廓作为齿廓。多齿差摆线齿轮泵是一种输送流体的先进内啮合齿轮泵,它与一齿差的普通摆线齿轮泵的相同之处是,内转子采用短幅外摆线的等距曲线作齿廓曲线,外转子采用与其共轭的圆弧齿廓。二者所不同的是多齿差摆线齿轮泵采用削去齿顶部和齿根部的非完整短幅外摆线的等距曲线作为摆线轮的齿廓,与之共轭的外转子采用圆弧交叉后削去齿根部和齿顶部的一段圆弧作为齿廓。

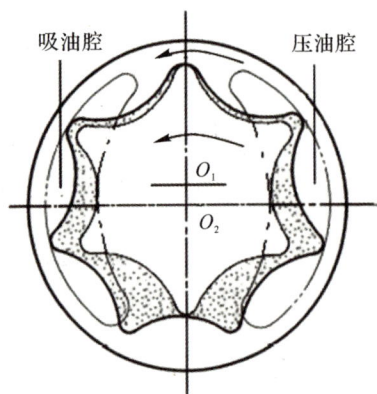

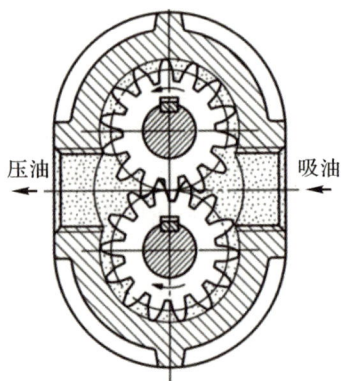

图 1-12　内啮合摆线齿轮泵原理　　　图 1-13　外啮合齿轮泵原理

一齿差摆线齿轮泵结构简单,齿轮啮合紧密,减少了内部泄漏,从而提高了泵的效率,能够提供较大的流量和压力输出;在泵的工作过程中,齿轮的旋转运动平稳,噪声和振动降低,运行更加稳定、可靠;由于内啮合摆线齿轮泵在齿轮啮合过程中会产生一定的冲击和振动,因此其噪声相对较大,不适用于对噪声要求严格的场合。而多齿差摆线齿轮泵单位体积排量大、流量脉动小、容积效率高,但结构复杂,制造成本高,对精度要求较高,需要精确控制各个部件的尺寸和形状,以保证其正常运行。

一齿差摆线齿轮泵和多齿差摆线齿轮泵各有其优缺点。在选择时,需要根据具体的应用场景、流量要求、精度要求等因素进行综合考虑。

按照内啮合摆线齿轮泵工作介质的不同,其可分为滑油泵、燃油泵、液压油泵、水泵等。其中滑油泵和燃油泵的应用领域主要包括汽车、航空、航天、船舶以及工业设备等。滑油泵一般用于发动机轴承和传动齿轮部分润滑油的输送与回收。发动机滑油系统是发动机必不可少的部分,滑油泵的质量和性能直接影响着发动机滑油系统的性能。燃油泵为发动机提供燃油输送和供给,确保发动机的稳定运行。在工业设备领域,这些泵有各种不同的工业应用,如燃料油库、发电机组等。液压油泵常用于大型机械设备,为机械设备运动提供和传递动力。而水泵一般用于农业灌溉、建筑排水、消防系统、各种液体的输送、污水处理、矿业开采、水利工程等。

▶ 1.5　本书设计思路和主要内容

1.5.1　本书主要设计思路

　　本书主要介绍基于流动特性的航空一齿差泛摆线滑油齿轮泵(为叙述方便,本书将其简称为"航空泛摆线滑油泵"或"航空泛摆线泵")的设计。此处的"泛摆线"指扩大了的摆线,即短幅外摆线向外扩得到的等距曲线。

　　航空泛摆线泵的结构设计主要包括齿轮结构、泵轴、进出油槽结构、进出口尺寸等主体结构及其他零件的设计。在泵的结构设计中,流体力学设计和固体动力学设计是两个关键步骤,它们各自独立但又相互影响,共同构成了泵结构设计的完整流程。其大致的设计过程如图 1-14 所示(图中虚线框内大致为本书主要介绍的内容)。

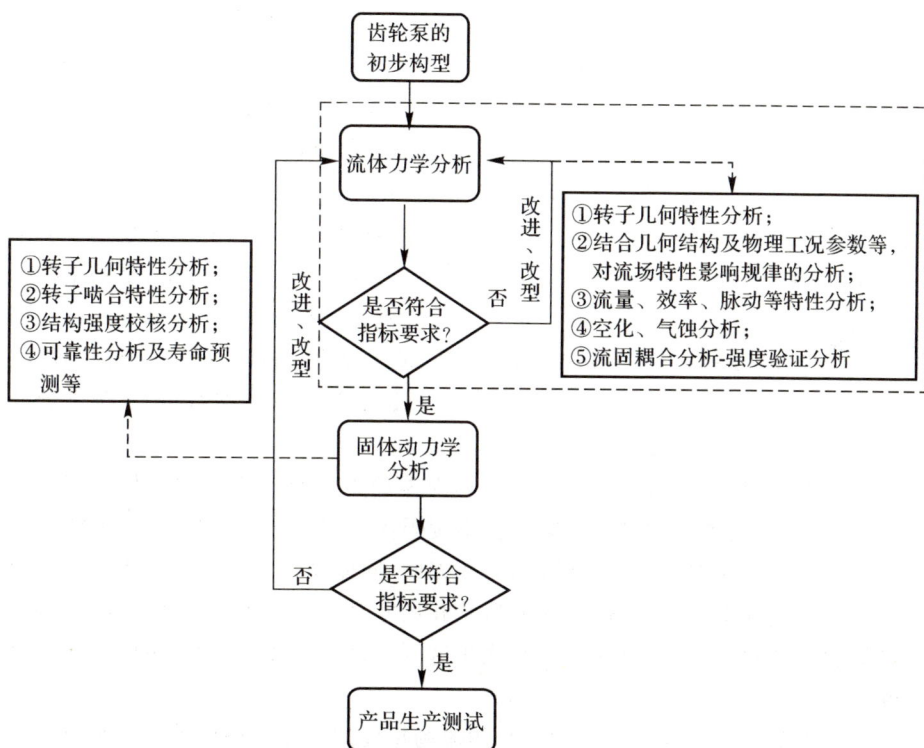

图 1-14　航空泛摆线泵结构设计分析图

　　先根据早期的齿轮泵结构进行初步构型,再根据泵的性能指标要求(比如效率、流量、压力、脉动等)等,从流体力学角度出发,结合已有设计经验,来进行局部的结构优化和调整,得到新的改型结构;对经过流体性能优化的改型结构进行固体动力学、流固耦合验证优化,进一步调整结构,每一次修改结构后都需进行流体力学的性能验证,直至满足设计要求。泵的设计实际上是在固体动力学和流体力学两个方面循环设计、相互耦合、不断优化的过程。

从固体动力学角度出发,主要关注泵内部固体部件的受力、振动和强度等问题。对于内啮合泛摆线齿轮泵的结构设计需考虑转子几何特性的分析、转子啮合特性分析、结构强度校核分析、可靠性分析及寿命预测等。转子几何特性分析主要包括转子齿廓曲线的建立、齿廓曲线参数的设计及验证、齿形修正等;转子啮合特性分析主要包括转子运动过程数学分析,以及齿轮的强度及磨损理论、实验、仿真分析等;结构强度校核分析主要包括齿轮接触强度、泵轴强度以及其他重要受力零件的强度校核分析;可靠性分析主要为齿轮的齿面接触疲劳强度、齿根弯曲疲劳强度计算分析等;寿命预测是对处于设计阶段的结构进行疲劳强度计算,对结构在疲劳破坏前的疲劳载荷循环次数进行预测,从而判断产品设计寿命是否达标,也为后期检修产品提供参考,主要考虑三部分内容:①材料的疲劳特性;②循环载荷作用下的结构响应;③疲劳累积损伤法则[58]。

从流体力学角度出发,主要关注泵内部流体的流动特性。分析泵内部流体的速度分布、压力分布、涡流和湍流等特性,有助于确定泵的性能参数,如流量、脉动、效率等。基于流体力学分析的结果,也能够设计泵内部的流体通道。航空泛摆线泵的结构设计主要包括:基于转子几何结构的流动过程分析,泵的结构参数、工况参数等对泵的流场特性的影响规律分析,对流量、脉动、效率等的影响分析,对空化、气蚀现象的影响分析,以及流固耦合特性分析等。其中结构参数主要包括泵的进口面积、进出口油槽形状、转子几何参数、转子级数等,工况参数主要包括转速、进出口压力、工质温度等。

在泵的结构设计中,流体力学设计和固体动力学设计之间的流程是相互交织的。一方面,流体力学设计的结果会影响固体动力学设计,因为流体的流动特性会直接影响固体部件的受力情况;另一方面,固体动力学设计的结果也会反馈到流体力学设计中,因为固体部件的形状和尺寸会改变流体的流动特性。因此,在泵的设计过程中,需要不断迭代和优化这两个设计步骤,以确保泵的性能和可靠性。

本书主要关注影响航空泛摆线泵的流场特性的主体结构设计。以某航空一齿差泛摆线滑油齿轮泵[后文称某(单级)航空泛摆线泵]为例,从泵在不同结构工况和物理工况下的流动特性、空化和气蚀特性、容积效率、脉动率的变化规律等的角度出发,给出航空泛摆线泵主体结构的设计参考。

1.5.2　本书章节安排

全书共分为 7 章。

第 1 章在介绍泵和齿轮泵的发展、分类、应用及研究现状的基础上,引出本书的研究问题——航空一齿差泛摆线滑油齿轮泵的优化和设计问题。

第 2 章介绍泛摆线泵的啮合原理,包括摆线齿廓的形成和齿廓曲线方程、泛摆线泵的结构参数和工作原理以及运动分析。

第 3 章对航空泛摆线泵的具体结构及性能进行介绍,并给出获取性能参数的方法,从而引出影响泵性能参数的因素,与第 4 章和第 5 章进行衔接。通过第 2 章和第 3 章的介绍使读者对航空泛摆线泵的结构、工作原理、性能特性有一个较为完整的理解。

第 4 章和第 5 章对各种因素对航空泛摆线泵的影响规律展开讨论,从而给出其结构设计参考依据。其中,第 4 章主要讨论结构参数和工况参数对航空泛摆线泵性能的影响。第 5 章主要讨论不同影响参数下航空泛摆线泵的空化和气蚀特性。

针对第 4 章和第 5 章研究的影响因素来进行航空泛摆线泵的优化设计,即第 6 章的主要内容。第 6 章将给出两种航空泛摆线泵的优化设计方法:基于流体特性的优化设计方法和基于多目标函数的数学方法。同时,航空泛摆线泵的优化设计离不开海量工程数据的支撑,因此第 6 章在介绍优化设计方法之前对基于航空泛摆线泵特性的数据库的建立进行介绍,在后续的优化设计过程中也会用到这个数据库。

第 7 章为航空泛摆线泵优化设计的延伸,主要介绍神经网络算法在航空泛摆线泵优化设计研究中的应用,同时结合数据库建立基于航空泛摆线泵特性的神经网络系统。

第 2 章　泛摆线泵的啮合原理

内啮合泛摆线齿轮泵(简称泛摆线泵),内齿齿廓采用完整的短幅外摆线的等距曲线,外齿齿廓采用与其共轭的圆弧曲线。它与外啮合渐开线齿轮泵相比,具有结构紧凑、零件少、噪声低、流量脉动小、自吸性能好、能适应宽范围速度工作等优点;它与内啮合渐开线齿轮泵相比,又具有排量大、结构简单等特点。由于泛摆线泵齿轮的齿廓曲线比渐开线齿轮的曲线方程复杂,加工工艺复杂,制造成本较高,因而在设计制造和应用方面存在许多不便,限制了它的应用和发展。近年来,随着现代制造技术的发展,曲线齿廓的制造变得愈来愈容易,成本也愈来愈低,泛摆线泵又受到了国内外学术界和工业界的重视。

对于泛摆线泵来说,其核心部件为一对内啮合的泛摆线齿轮。本章将简要介绍泛摆线泵齿轮的齿廓曲线的形成及参数方程,从而引出泛摆线泵转子齿廓曲线的结构设计参数,并给出几个参数之间的相互关系,为后续泛摆线泵的参数设计提供理论支撑,同时以 6×7 齿的泛摆线泵为例,介绍其工作时内部转子的啮合运动过程。分析其运动过程对于理解泛摆线泵的工作原理及性能有着重要作用。

▶ 2.1　短幅外摆线的形成

当一半径为 r_2 的滚圆与半径为 r_1 的基圆圆周外切并作相互纯滚动时,滚圆上任意一定点 C 的轨迹称为外摆线。当 C 点在滚圆外时,将它的轨迹称为长幅外摆线;当 C 点在滚圆内时,将它的轨迹称为短幅外摆线(见图 2-1)。泛摆线泵的内转子的齿廓曲线是由短幅外摆线演变而来的。

当滚圆半径 r_2 大于基圆半径 r_1 且内切时,滚圆上的定点轨迹也为外摆线,此种形成方法称为内滚法(见图 2-2);当滚圆与基圆外切时形成外摆线的方法称为外滚法。两种成形法所确定的曲线方程

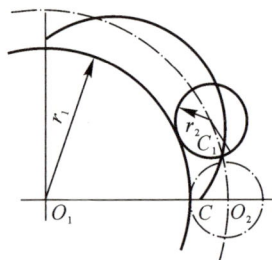

图 2-1　短幅外摆线

在形式上有差异,通过变换可互相转化,应用时视方便程度进行选用。

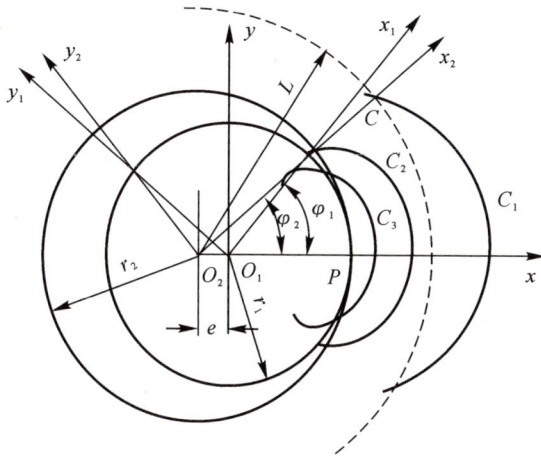

图 2-2 外摆线曲线(内滚法)

在基圆半径 r_1、滚圆半径 r_2 确定以后,外摆线的特征取决于 C 点距滚圆中心 O_2 的距离 L 与滚圆半径的比值,此比值称为创成系数 k。

当 $k>1$ 时,C 点轨迹为短幅外摆线,如图 2-2 中的曲线 C_1;当 $k<1$ 时,C 点的轨迹为长幅外摆线,如图 2-2 中的曲线 C_3;当 $k=1$ 时,则为普通外摆线,如图 2-2 中的曲线 C_2。

▶ 2.2 泛摆线泵的齿廓曲线方程

2.2.1 泛摆线泵的齿廓

滚圆与基圆作相对纯滚动的相对瞬心为两圆的切点 P,因此直线 PC 也是曲线 C_1 的法线。以短幅外摆线 C_1 上的点为圆心、R 为半径作一系列圆族,其内包络线为曲线 C_1 的等距曲线,此即为泛摆线泵的内转子齿廓曲线,如图 2-3 所示。外转子齿廓为与其共轭的部分圆弧,它们啮合传动时能满足齿廓啮合基本定律,能保证定传动比传动[56]。外转子的齿廓曲线如图 2-4 所示。图 2-3 中 M 点为内外转子传动的啮合点。角 θ 为内外转子间的啮合角。φ_1 为某时刻基圆绕圆心 O_1 转过的角度;φ_2 为同时刻滚圆绕其圆心 O_2 转过的角度;e 为内、外转子之间的偏心距;L 为外转子中心至其齿廓圆弧中心的距离,也称为创成圆半径;R 为齿形圆半径,也称齿廓圆弧半径。

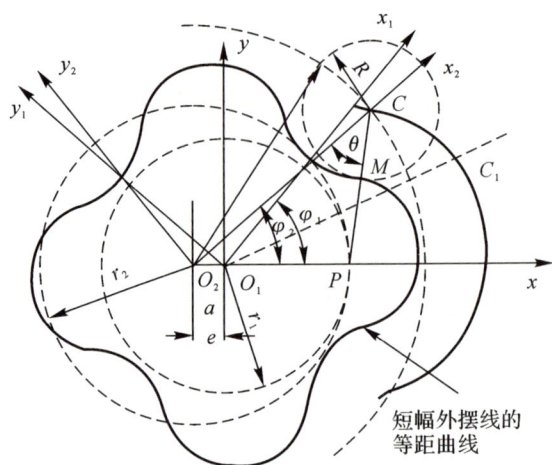

图 2-3　泛摆线泵内转子齿廓曲线

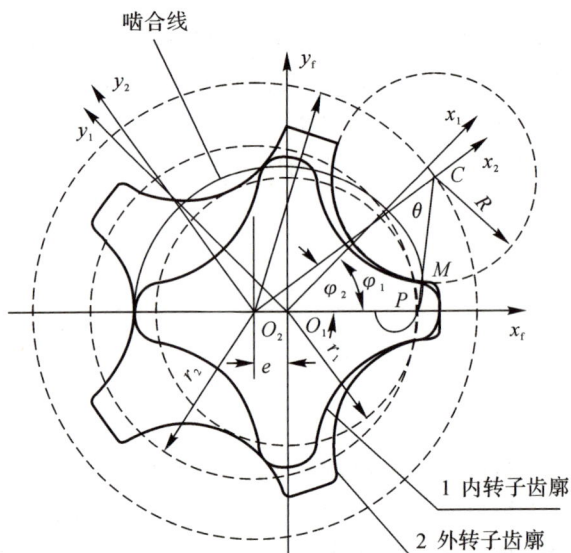

图 2-4　内啮合泛摆线齿轮对的齿廓曲线和啮合线

2.2.2　啮合方程

在图 2-3 中,令直线 O_2C 与摆线的法线 PC 的夹角为 θ,在 $\triangle PCO_2$ 里,由正弦定理可得

$$\frac{r_2}{\sin\theta}=\frac{L}{\sin(\pi-\varphi_2-\theta)} \tag{2-1}$$

式中：当某时刻基圆绕圆心 O_1 转过 φ_1 角时，滚圆 2 也相应地绕其圆心转过 φ_2 角（见图 2-3）；L 为短幅外摆线的创成圆。

将式（2-1）化简后并整理得

$$\tan\theta=\frac{\sin\varphi_2}{\dfrac{L}{r_2}-\cos\varphi_2} \tag{2-2}$$

式（2-2）称为泛摆线齿轮的啮合方程，它在摆线啮合理论中具有重要的作用。该式建立了转子转角与齿廓公法线方向角之间的联系，使摆线齿廓方程的形式和计算变得简单、容易。

2.2.3 短幅外摆线的等距曲线方程

泛摆线泵的内转子齿廓曲线是短幅外摆线的等距曲线，外转子的齿廓曲线就是以 R 为半径的圆弧，内外转子齿廓啮合时，其啮合点 M 在齿廓公法线 PC 上，图 2-4 给出了 4×5 齿的内啮合泛摆线齿轮对的齿廓曲线。可以看出，外转子的齿廓曲线由多段半径为 R 的圆弧和部分线段组成。

由于泛摆线齿轮的齿廓曲线方程证明过程较复杂，且也不是本书要研究的重点内容（本书仅用泛摆线齿轮的齿廓曲线方程进行齿廓曲线和齿轮的建模），因此此处只给出两种不同参数下的泛摆线齿廓曲线方程，具体如下：

直角坐标形式的泛摆线齿廓曲线方程为

$$x=L\cos(\varphi_2-\varphi_1)-R\cos(\varphi_2+\theta-\varphi_1)-e\cos\varphi_1 \tag{2-3}$$
$$y=L\sin(\varphi_2-\varphi_1)-R\sin(\varphi_2+\theta-\varphi_1)-e\sin\varphi_1 \tag{2-4}$$

以转子基本结构参数表示的齿廓曲线方程为

$$x=[e\cos R+L\cos(1-i)R]-\frac{R[e\cos R+L(1-i)\cos(1-i)R]}{\sqrt{e^2+2eL(1-i)\cos i\alpha+L^2(1-i)^2}} \tag{2-5}$$

$$y=[e\sin R+L\sin(1-i)R]-\frac{R[e\sin R+L(1-i)\sin(1-i)R]}{\sqrt{e^2+2eL(1-i)\cos iR+L^2(1-i)^2}} \tag{2-6}$$

式中：i——内外转子的齿数比，即 z_1/z_2；

　　L——创成圆半径；

　　R——外转子齿形圆半径，本书也称之为齿廓圆弧半径；

　　e——内外转子的偏心距。

根据上述公式画出内转子的齿廓曲线，进一步在建模软件中进行拉伸即可得到内转子的三维模型。图 2-5 为根据齿廓曲线方程建立的偏心距 e 为 3.5 mm、

5×6 齿的内啮合泛摆线齿轮对。其中齿形圆半径 R 为 5 mm。

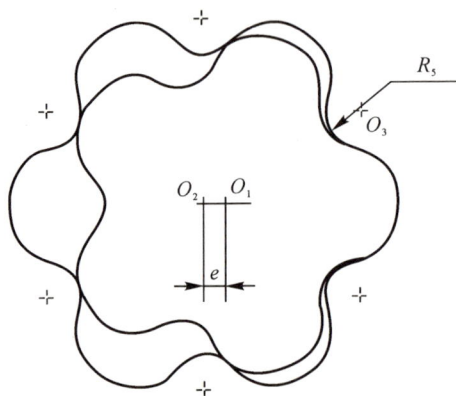

图 2-5 5×6 齿内啮合泛摆线齿轮对

2.3 转子结构参数及其相互关系

2.3.1 转子结构参数

内转子和外转子的几何尺寸参数如图 2-6 和图 2-7 所示。其中：

r_{a1}、r_{f1} 分别为内转子的齿顶圆半径和齿根圆半径，如图 2-6 所示；

r_{a2}、r_{f2} 分别为外转子的齿顶圆半径和齿根圆半径，如图 2-7 所示；

h_a 为全齿高；

R 为外转子齿廓圆弧半径，如图 2-7 所示；

r_1、r_2 为两节圆半径，等传动比传动的摆线齿轮间的传动相当于两节圆在作纯滚动。

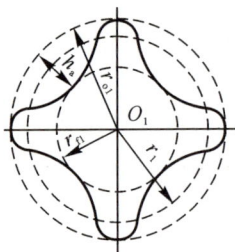

图 2-6 内转子的几何尺寸

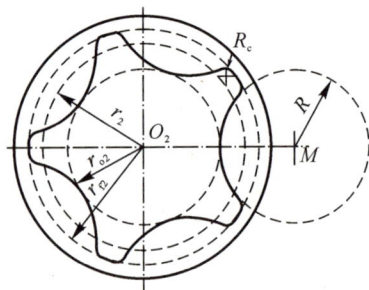

图 2-7 外转子的几何尺寸

在设计泛摆线泵时,将齿数 z、偏心距 e、创成系数 k 和弧径系数 h 作为基本参数,基本参数确定后,其他几何参数都可以通过基本参数计算出来。各基本参数的定义如下。

1. 齿数

泛摆线泵中,内外转子的齿数差为 1,且一般的外转子齿数 z_2 取值较大。内转子齿数少时,单位体积的排量较大,但流量脉动也同时增大,引起大的压力脉动。增大齿数可减小泵的流量脉动和压力脉动,但会使泵的整体体积增大。可见,降低脉动和提高排量两者不可兼得。实际应用中通常取 $z_1 = 3 \sim 8$,流量脉动要求小时,z 取大值,反之则 z 取小值,且一般内转子齿数为偶数时,脉动更小。有

$$z_2 = z_1 + 1 \tag{2-7}$$

2. 偏心距 e

偏心距是指相啮合的内、外转子齿轮的回转中心之间的距离,在两轮齿数确定后,可由偏心距的大小确定齿轮节圆半径的大小,从而可结合其他参数确定泵的排量及外形尺寸。偏心距的大小应根据排量来选择。目前我国关于泛摆线齿轮对的偏心距的选取方法仍无统一规范。为了设计制造方便,可试参照标准圆柱直齿齿轮模数的值来选取,此处试取偏心距为标准数列,如取 $e = 1$ mm,1.25 mm,1.5 mm,2 mm,$\cdots$。

3. 创成系数 k

在泛摆线齿轮传动中,常用短幅系数作为基本参数,短幅系数 K 为形成短幅外摆线的滚圆半径与滚圆中心至定点 C 距离的比值。在泛摆线泵中,短幅系数即为外转子节圆半径与外转子回转中心至其齿廓圆弧中心之间距离的比值,即

$$K = \frac{r_2}{L} \tag{2-8}$$

式中:r_2——外转子的节圆半径(mm);

L——外转子中心至其齿廓圆弧中心的距离,也称为创成圆半径(mm)。

为了计算方便,取 $k = \dfrac{1}{K}$,即创成系数,则创成圆半径

$$L = k r_2 \tag{2-9}$$

创成系数 k 的取值一般为 $1.1 \sim 1.8$,齿数多时取小值,齿数少时取大值。其值可通过优化设计方法求得。

4. 弧径系数 h

在 L 确定后,外转子的齿廓圆弧半径 R 的取值直接影响圆弧齿的齿厚和齿

间尺寸的大小。圆弧半径 R 过大,会使摆线齿廓产生失真或顶切,R 的取值要根据短幅外摆线的曲率半径的大小来选择。在设计泛摆线泵时,令

$$h = \frac{R}{r_2} \qquad (2-10)$$

式中:h——齿形圆半径系数,简称弧径系数。

在选择 h 以后,有外转子的齿形圆半径为

$$R = hr_2 \qquad (2-11)$$

式中,弧径系数 h 要以能保证短幅外摆线不出现顶切的条件来确定,一般取 $h = 0.2 \sim 0.95$。

以上四个参数 z、e、k、h 都是在设计中必须确定的独立设计参数,这些参数一旦确定,内、外转子的其他几何尺寸就可以通过公式计算出来。

2.3.2 转子结构参数相互关系

由内外转子的齿数 z、偏心距 e、创成系数 k 和弧径系数 h,即可通过式(2-8)～式(2-11)求出内转子的内、外切圆半径,以及滚圆和基圆的半径。

摆线内切圆半径(内转子齿根圆)为

$$r_{f1} = L - R - e \qquad (2-12)$$

摆线外切圆半径(内转子齿顶圆)为

$$r_{a1} = L + e - R \qquad (2-13)$$

外转子齿根圆半径为

$$r_{f2} = r_{a1} + e \qquad (2-14)$$

外转子齿顶圆半径为

$$r_{a2} = L - R \qquad (2-15)$$

滚圆半径为

$$r_1 = z_1 e \qquad (2-16)$$

基圆半径为

$$r_2 = z_2 e \qquad (2-17)$$

以上各式中的参数含义见 2.3.1 节。

▶ 2.4 泛摆线泵的工作原理

泛摆线泵的工作原理是:齿轮泵入口处的工作介质油液经过齿轮泵的强制加压被输送至出口,从而在泵入口处形成负压;在压力作用下,油箱内的油被送至泵的入口处,再经过泵挤压至出口,形成供油过程。泛摆线泵简单的工作原理

图如图 2-8 所示,其内转子齿廓曲线为短幅外摆线的等距曲线。传动轴通过平键与内齿轮配合,从而带动内齿轮在外齿轮内部旋转,同时由于内外齿轮的齿数不同,且内外齿轮中心有一偏心距 e,因此随着内齿轮旋转,由内外齿轮围成的左侧封闭面积逐渐变大,形成一定的真空区域,从而将油液吸入,由内外齿轮围成的右侧封闭区域面积逐渐减小,从而油液会从其封闭区域上方的出口以一定的压力被挤出。挤出去的油液会被送至系统中的各个工作点,发挥其作用后,再流回油箱。对于本书主要研究的航空泛摆线滑油泵,其工作介质为航空润滑油(简称滑油),滑油经过泵后会被输送至各个轴承腔以及其他需要润滑和冷却的地方,然后经过回油泵收集,经油气分离后再次流回油箱。

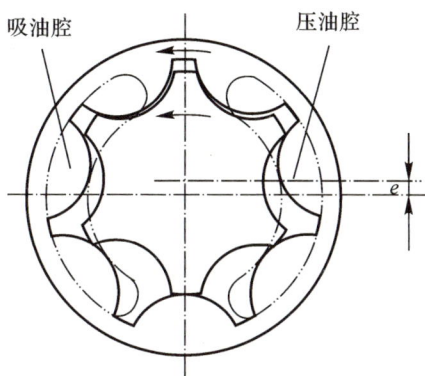

图 2-8 泛摆线泵工作原理简图

泵运转过程中,内外转子区域内容积腔的变化如下:

泛摆线泵啮合过程中,两接触齿廓间能形成几个独立的封闭空间。随着内外转子的啮合旋转,各封闭空间的容积将发生变化。

在图 2-9 的泛摆线泵工作过程图[56]中,其内转子齿数 $z_1=6$,$z_2=7$,现以内转子上的 1 齿和外转子上的 1′齿间为起点开始分析。内、外转子为逆时针旋转,由于内外转子齿数不同,内外转子旋转速度不同,因此在内外转子间的容积腔的体积会发生周期性的变化。此处通过分析 1 齿后侧的 A 腔容积大小的变化,来分析泵的吸油和压油过程。

在图 2-9(a)所示位置时,A 腔容积最小;当转到图(b)位置时 A 腔容积扩大;当转到位置 C 时,A 腔进一步扩大。在 A 腔容积由小变大的过程中[见图 2-9(a)~(d)],容腔内产生局部真空,在大气压力作用下油液通过进油管道和泛摆线泵后盖上的月牙形吸油槽(如图中虚线所示)被吸入,此即为吸油过程。转到图 2-9(d)位置时,A 腔容积达到最大($A=A_{\max}$),吸油过程结束。转子继续运转到图 2 - 9(e)位置时,A 腔容积由大变小,腔内油液从月牙形的排油槽(如图中虚线所示)中被压出,此即为排油过程。到图 2 - 9(f)位置时,A 腔容积达到最小($A = A_{min}$),压油过程结束。

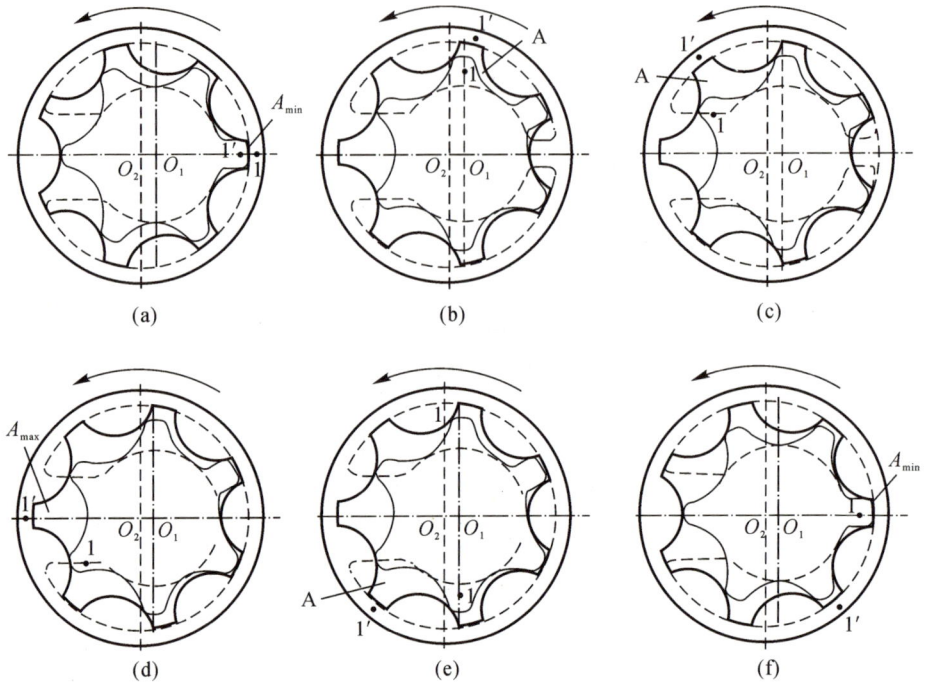

图 2 - 9 泛摆线泵的工作过程

内转子的一个齿每转过一周,就会出现一个工作循环,完成吸排油各一次。对于具有 z_1 个齿的内转子,每转一圈将出现 z_1 个工作循环。这样,泛摆线泵便起到了连续输油的作用。内外转子由于齿数不同,当同方向转动时,必然会产生相对运动,这个相对运动使内外转子间产生不断变化的容腔空间,适当地把吸油腔与排油腔和不断变化的容腔空间接通,就能实现泵的吸排油功能。

2.5 泛摆线泵的运动分析

泛摆线泵的传动是一种啮合传动,内外转子的齿面之间会受到挤压和磨损。由于两轮的齿廓在接触点的线速度不同,所以两齿廓之间必定会产生相对滑动。同时,由于啮合力的存在,两齿廓会因摩擦而产生磨损,尤其是当制造加工误差较大时,轮齿磨损更严重,影响了传动的平稳性和泵的流量特性和动力特性,同时泵的使用寿命会降低。啮合传动磨损程度的大小可用滑动系数来衡量。齿轮泵的传动平稳性、流量脉动、输出特性及使用寿命与齿廓间的相对滑动速度和滑动系数有重要的联系,对它的运动分析有助于了解其滑动速度和滑动系数的变化规律,分析其对一些重要性能指标的影响程度及变化趋势,探索出提高泵的性能的措施。

本书主要探讨从流体力学角度出发如何设计泛摆线泵,齿轮泵的啮合传动属于固体动力学内容,故此处只作简单介绍,具体推导过程及详细介绍可参见相关文献[59-60]。有

$$u_1 = \frac{v_{12}}{v_{1tr}} = 1 - \frac{v_{2tr}}{v_{1tr}} = 1 - \frac{R\omega_\theta}{-(\omega_2-\omega_1)(L\cos\theta-R)+\omega_\theta R - \omega_1 e\cos(\varphi_2+\theta)} \quad (2-18)$$

$$u_2 = -\frac{v_{12}}{v_{2tr}} = -\frac{v_{12}}{v_{2tr}} = \frac{(\omega_2-\omega_1)(L\cos\theta-R)+\omega_1 e\cos(\varphi_2+\theta)}{R\omega_\theta} \quad (2-19)$$

式中:u_1——内转子的滑动系数;

u_2——外转子的滑动系数。

式(2-18)和式(2-19)为计算泛摆线泵齿廓滑动系数的表达式,它适用于一齿差摆线齿轮泵,也同样适用于多齿差摆线齿轮泵。所不同的是,两者的啮合相位角 φ_1(或 φ_2)的作用范围不同。

转子的滑动系数与齿数、创成系数 k、齿形圆半径 R 有关,当其他条件不变时,齿形圆半径 R 愈大,内转子的最大滑动系数 u_1 愈大。而 u_1 随创成系数 k 的增大而减小。创成系数 k 和齿形圆半径 R 对外转子出现极限点的位置有影响,对其他位置的 u_2 则影响不大。在设计泛摆线泵时,为了增大泵的排量,常在确定了创成系数时取较大的齿形圆半径,这导致内转子的滑动系数增大,从而使转子磨损加剧。因此,在设计时综合考虑各种影响传动质量的因素,才能设计出高质量的摆线转子泵。

滑动系数的分析可通过应用 Matlab/Simulink 等仿真工具箱对泛摆线泵的运动进行仿真实现。应用 Matlab/Simulink 仿真模块对泛摆线泵的运动进行仿真,具有求解方便、不需要编制微积分求解程序的优点。

内啮合齿轮对传动的磨损和挤压计算是一个复杂的过程,通常涉及多个参数和公式。式(2-18)和式(2-19)实际上只考虑了内齿轮和外齿轮的相对位置和角度、转速等因素对磨损和挤压的影响。

直接计算磨损和挤压的确切数值可能相当困难,因为这取决于多种因素,如材料属性、润滑条件、载荷大小、转速等。在考虑磨损时,通常还需要考虑材料的硬度、润滑条件和载荷分布等因素。润滑条件良好时,磨损会相对减少。载荷分布均匀时,磨损也会相对减少。此外,齿轮的啮合精度和啮合角等也会影响磨损。

在考虑挤压时,除了上述齿根高的因素外,还需要考虑材料的弹性模量和泊松比等物理性质。当齿轮受到载荷作用时,会产生一定的变形和挤压。如果材料的弹性模量较高,那么挤压相对较小;如果泊松比较大,那么材料在受到挤压时更容易产生塑性变形。在实际应用中,需要进行详细的材料测试、载荷分析和有限元分析等,以更准确地评估齿轮的磨损和挤压性能。关于齿轮对啮合的接触强度计算部分将在本书第 6 章进行介绍。

▶ 2.6 本 章 小 结

本章通过介绍泛摆线泵的齿廓曲线及重要的结构参数,为设计和优化泛摆线泵奠定了理论基础,通过精确设计和调整这些参数,可以优化内啮合泛摆线齿轮泵的性能,满足不同的工业应用需求。后续章节涉及泛摆线泵的齿廓曲线方程及相关设计参数时,将不再具体展开解释。

第3章 航空泛摆线泵的结构和性能

泛摆线泵常被用于航空发动机滑油系统上,它是整个滑油系统的动力元件,也是核心元件。航空泛摆线滑油泵将输入的机械能转换为滑油的压力能,其主要作用是发动机转动部分润滑油的输送和回收。其性能好坏直接影响滑油系统是否能正常工作。因此,了解航空泛摆线滑油泵的结构及性能十分重要。

本章将主要介绍航空泛摆线滑油泵的结构组成,以及泵的性能参数计算。本章主要考虑的性能参数为泵的出口流量、出口流量脉动参数、出口压力脉动参数、泵的总效率、容积效率等。同时,本章将给出研究航空泛摆线滑油泵性能的两种方法(试验方法和数值仿真方法),以及两种方法各自的优缺点和相互关系,其中着重讲解泵的流动仿真方法。后续章节将主要基于此方法展开来计算不同工况和结构下泵的性能结果,并进行讨论分析。

▶ 3.1 航空泛摆线泵的结构

航空泛摆线滑油泵是利用齿间密封容积的变化来实现吸油和压油的。它主要由配油盘(前、后盖)、外转子和偏心安置在泵体内的内转子等组成。图 3-1 所示为某型单级泛摆线滑油泵(上海申银泵业制造有限公司产品)的结构图。图 3-1 中内转子为 6 齿(主动轮),外转子为 7 齿(从动轮)。由内外转子、泵体、前后盖组成的密闭容积腔即为工作介质所在的包液腔。由于内、外转子是多齿啮合,这就形成了若干个密封容积。在啮合的过程中,包液腔的容积不断发生变化,当包液腔由小逐渐变大时,形成局部真空,在大气压的作用下,油液经吸油管道进入泵的吸油腔,填满包液腔,在包液腔达到最大容积位置后,开始由大逐渐变小时,油液被挤压形成油压,并被带到压油腔,即完成泵油过程[61]。

其中,吸油腔和压油腔通常设计在齿轮端面的法向方向上,即从齿轮轴的轴向方向进油(图 3-2 中垂直于纸面方向进油)。采用轴向进油的结构方式,提升内转子转速 n_1 时,油液充填不会因为离心作用而受到阻碍,反而会促进其充填进入容积腔内,有效避免"气穴",从而提高容积效率[62]。图 3-2 中虚线位置即为吸油腔和压油腔的位置。油腔的形状一般为多段扇形,其具体结构设计见第6章。

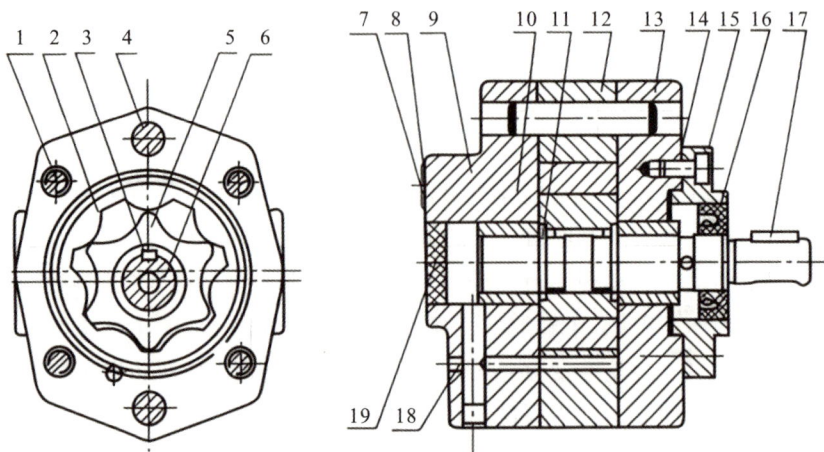

图 3-1 某型单级泛摆线滑油泵结构图

1—螺钉; 2—外转子; 3—平键; 4—圆柱销; 5—内转子; 6—转子轴;

7—铆钉; 8—标牌; 9—后盖; 10—轴承; 11—挡圈; 12—泵体; 13—前盖;

14—螺钉; 15—法兰; 16—密封环; 17—平键; 18—塞子; 19—压盖

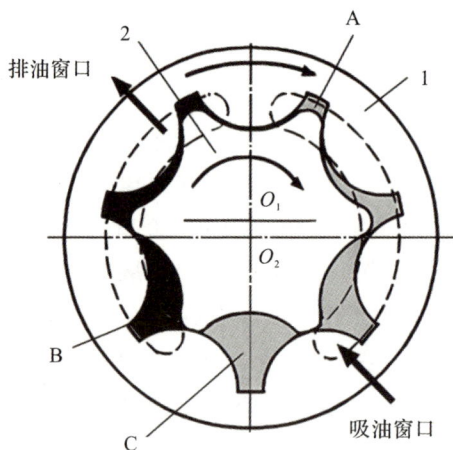

图 3-2 吸油腔和压油腔位置

1—外转子; 2—内转子

航空泛摆线滑油泵主要用于发动机转动部分润滑油的输送和回收。常见的航空泛摆线滑油泵有由发动机带动的齿轮式油泵和由直流电动机带动的旋板式油泵。

图 3-3 所示为由发动机带动的航空泛摆线滑油泵构成的滑油系统。滑油系统由收油池、滑油泵、调压活门、滑油滤、滑油喷嘴和油气分离器等组成。航空泛摆线滑油泵包括进油泵和回油泵两个部分。而滑油滤包括低压进油滤、高压进油滤和回油滤三个部分。

发动机工作时，由发动机附件传动机匣内的齿轮带动滑油泵旋转，收油池内的滑油经低压进油滤而被吸入进油泵。滑油经过进油增压泵提高压力后分成两路：一路经导管去到润滑中轴承、联轴器齿套以及后轴承；另一路则经导管与发动机附件传动机匣内部的油道相通，去到润滑前轴承和传动机匣内的齿轮和轴承。润滑过程中，后轴承和联轴器齿套的带泡沫的滑油再经油气分离器实现油气分离，气体经发动机附件传动机匣的通气孔排出，而滑油则流回收油池。润滑过前轴承和传动机匣的滑油，直接被回收到油池[63]。

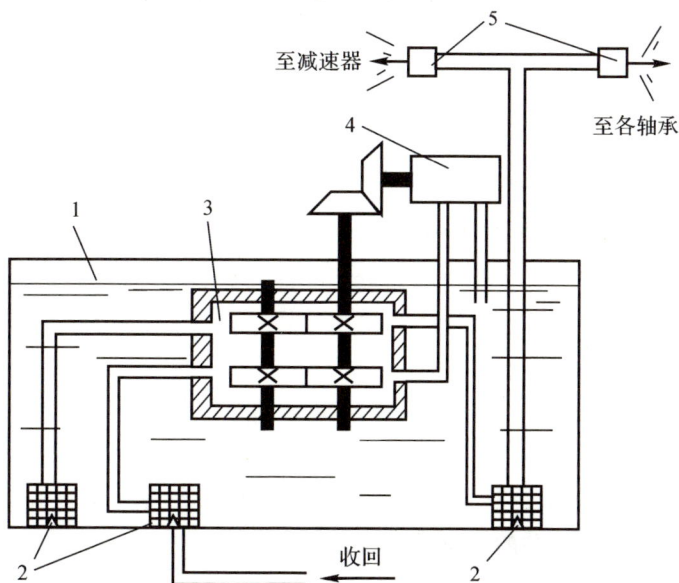

图 3-3　滑油系统

1—收油池；　2—滑油滤；　3—滑油泵；　4—油气分离器；　5—滑油喷嘴

图 3-4 为某管路连接式的航空泛摆线滑油泵，由增压泵和回油泵组成，两泵共用一个传动轴。图中进油增压泵共一级，增压泵和回油泵之间通过隔板隔开。回油泵共五级，各级泵进出口均与系统采用管路连接。图中黄色区域为外转子，内部啮合的为内转子，滑油泵整体与发动机机匣通过法兰盘连接。增压泵负责将滑油输送至各个润滑点，回油泵负责收集各个润滑点润滑和冷却后的滑油。滑油经过进油管路被吸到齿轮端面、隔板、壳体三者围成的空间内，后从轴

向方向进到内外转子的啮合区域,被齿轮旋转挤压带动至出口。

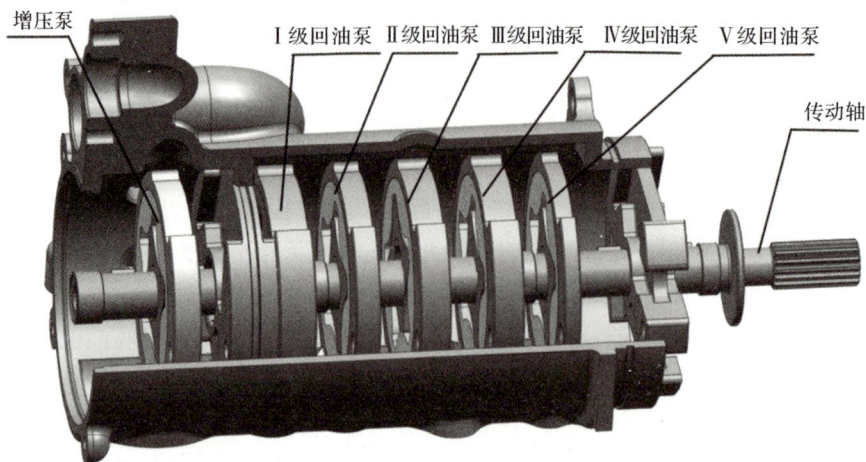

图 3-4 管路连接式滑油泵

本书主要以某型航空泛摆线滑油泵的某一级增压泵为原型进行研究,并介绍其设计内容。如第 1 章所述,本书主要介绍航空滑油系统中常用的航空泛摆线滑油泵(或称为航空泛摆线泵)。为叙述方便,本章后续使用"航空泛摆线泵"的说法。

3.2 航空泛摆线泵的流体性能参数

航空泛摆线泵的流体性能参数主要为:流量、流量脉动参数或压力脉动参数、容积效率、总效率、泵的体积或重量等。

3.2.1 流量及相关参数

航空泛摆线泵的流量指单位时间内通过摆线泵的液体体积。其中流量为泵的出口体积流量,常用单位为 L/min。滑油泵的出口流量的多少直接反映了其供油能力的大小。滑油泵流量的大小主要取决于泵的转速、排量、容积效率、工作压力等。

(1)排量 V:是泵主轴每转一周所排出液体体积的理论值,由几何尺寸计算而得。它与工况无关,是衡量和比较不同泵的供液能力的统一标准。

(2)流量 q:为泵单位时间内排出的液体体积(L/min),有理论流量 q_{bth} 和实

际流量 q_b 两种。其中

$$q_{bth} = V \times n \qquad (3-1)$$

式中：q_{bth}——泵的理论流量，指在泵不考虑泄漏及其他情况的前提下单位时间
内排出的液体体积；

V——泵的排量（L/r）；

n——泵的转速（r/min）。

$$q_b = q_{bth} - \Delta q \qquad (3-2)$$

式中：q_b——泵的实际流量；

Δq——泵的泄漏量。

（3）泄漏量：是通过滑油泵各个运动副的间隙所泄漏的液体体积。这一部分
液体不传递功率，也称为泵的容积损失。泄漏量与压力的乘积便是容积功率损
失。当泵的结构和采用的液体黏度一定时，泄漏量将随工作压力的提高而增大，
即压力对泵的实际流量有间接影响。

供油需求大小决定了供油能力的大小，供油需求大小则需要根据发动机各
个润滑点的需求油量来确定。流量可由试验获得或者依靠仿真软件进行预测。

3.2.2 效率相关概念

航空泛摆线泵内存在的能量损失主要包括容积损失、机械损失、液压损失。

（1）容积效率 η_v：容积损失主要由泵的泄漏、填充不良等造成，容积效率为
表征泵容积损失的性能参数，其公式为

$$\eta_v = \frac{q_b}{q_{bth}} \qquad (3-3)$$

在试验中通常以空载流量作为泵的理论流量，以额定压力下的流量作为实
际流量。

影响单级泵泄漏量的主要因素为端面间隙、齿顶间隙、泵的进出口压力差
等。影响单级泵泵内填充效果的主要因素为：泵的转速、泵的入口压力和流速、
进出油槽（即吸油腔、排油腔）的形状和位置。

（2）机械效率 η_m：机械损失是指泵内摩擦损失，机械效率为表征泵机械损失
的性能参数，其公式为

$$\eta_m = \frac{T_{th}}{T_i} = \frac{P_t}{P_{in}} \qquad (3-4)$$

式中：T_{th}——泵的理论输入扭矩；

P_t——无摩擦时泵应输入的功率，即泵的理论输入功率；

T_i——泵的实际输入扭矩；

P_{in}——泵的实际输入功率。

机械效率的影响因素主要涉及机械传动方面，不在本书讨论范围内，此处不展开说明。

(3)液压效率 η_l：液压损失反映了油液在泵内的沿程和局部阻力损失，此项损失(即液压损失效率 $\eta_l \approx 1$)相比其他两项损失很小，因此可忽略。

(4)总效率 η：

$$\eta = \frac{P_{out}}{P_{in}} = \eta_v \eta_m \tag{3-5}$$

式中：P_{in}——液压泵的输入功率，即指原动机实际作用在泵主轴上的机械功率。若只是单纯地对泵进行流动仿真，不考虑电机，泵的输入功即为泵的轴功率，可由仿真软件直接导出。

P_{out}——泵的输出功率，即液压功率，有

$$P_{out} = = q_m g \cdot \frac{(p_{out}^* - p_{in}^*)}{\rho g} = (p_{out}^* - p_{in}^*) \cdot q_v \tag{3-6}$$

式中：q_m——出口质量流量；

q_v——出口体积流量；

p_{out}^*、p_{in}^*——进、出口总压。

联立式(3-1)和式(3-2)，可得

$$\eta = \frac{q_v(p_{out}^* - p_{in}^*)}{P_{in}} \tag{3-7}$$

总效率的大小取决于容积效率、机械效率的大小。

3.2.3 脉动相关概念

航空泛摆线泵为内啮合齿轮泵，由于其内外转子为齿轮结构，且具有一定的偏心距，所以泵在工作时，内外转子围成的流体域的体积变化率会随着转子转动而发生改变，因此其出口滑油流量及压力会随时间发生周期性的变化，即脉动。这种不稳定性使液体冲击泵体产生振动噪声，影响泵的工作性能[64-65]。同时泵内滑油在工作时可能发生汽化或者滑油内含的空气自身析出，从而产生气泡，当气泡随着泵转子旋转被带至高压区域发生溃灭时，周围大量的液体质点会撞击金属表面，产生各种频率的噪声，也会造成泵后流动和压力不稳定现象。若泵内零件发生磨损，比如泵的轴、轴承发生磨损，也会引起泵明显的压力波动及噪声。本书主要研究泵零件在正常工作情况下的压力脉动产生的原因及规律。

（1）流量脉动。

流量脉动率的定义如下[66]：

$$\delta = \frac{(q_{max} - q_{min})}{\overline{q}} \times 100\% \qquad (3-8)$$

式中：q_{max}、q_{min}——泵出口的最大、最小体积流量；

$\quad\quad \overline{q}$——泵出口体积流量的时均值。

（2）压力脉动。

压力脉动率 δ_p 的定义如下：

$$\delta_p = \frac{(p_{2max} - p_{2min})}{\overline{p}} \times 100\% \qquad (3-9)$$

式中：p_{2max}、p_{2min}——泵出口的最大、最小瞬时质量截面平均总压力，可直接从试验或者仿真计算结果中提取；

$\quad\quad \overline{p}$——泵出口压力的时均值，可根据出口静压加上动压头计算得到。

脉动幅值的定义为：泵出口的最大、最小瞬时质量截面平均总压力之差，即 $p_{2max} - p_{2min}$。

（3）瞬时压力脉动。

图 3-5 为某工况下，滑油泵（内转子为 4 齿）后瞬时压力脉动率随时间的变化，通过此图可以直观看出泵后压力脉动的浮动率。图 3-6 为某工况下，滑油泵后油压随时间的变化，泵后的压力幅值为滑油泵转子稳定运转一圈内的最大瞬时出口总压与最小瞬时出口总压之差。图中的水平线条表示时均出口总压。

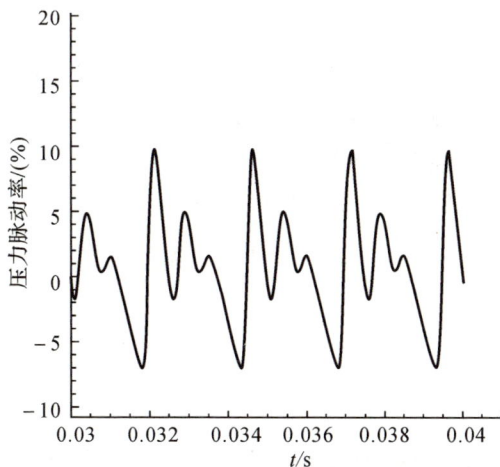

图 3-5 瞬时压力脉动率

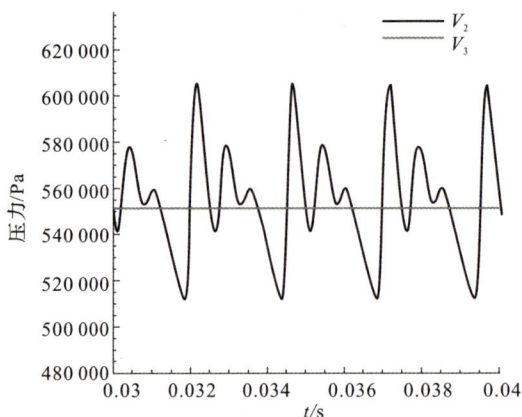

图 3 - 6　瞬时压力脉动

V_2—泵出口瞬时压力值；　V_3—泵出口时均压力值

　　脉动率为滑油泵出口压力脉动的相对值,幅值为出口压力脉动的绝对值。这两个参数对于泵来说都很重要:相对值反映泵出口脉动的波动程度,也能在一定程度上反映同类型泵在不同工况下出口的压力脉动;绝对值的大小则直接影响泵后元件工作的稳定性。

　　通过图 3-5 和图 3-6 可以看出,滑油泵内转子齿数为 4 齿,旋转一圈,泵后压力发生 4 次周期性脉动。即脉动频率与内转子齿数及转速有关。

　　在后续的分析中,将以出口压力幅值及瞬时压力脉动率两个参数来综合分析脉动与工况参数、结构参数的关系。

3.2.4　泵的体积或重量

　　合理地设计泵能够减轻发动机的重量,从而提高发动机效率。若以外转子的齿根圆所在圆柱体作为摆线泵计算体积,它的大小基本可以反映泛摆线泵的总体积大小,则泵的体积计算公式为

$$V = \pi r_{f2}^2 B = \pi B e^2 \left[z_2 (h-k) + 2 \right]^2 \qquad (3-10)$$

式中：B——齿宽(mm);

　　　　V——泵的体积。

▶ 3.3　航空泛摆线泵流体性能参数的研究方法

　　在工程上,试验方法和数值仿真方法在研究和开发泛摆线齿轮泵的过程中都起着非常重要的作用。它们可以被用来测试和优化泵的性能,了解其在不同

工作条件下的行为,以及预测和改进其长期性能。

3.3.1　试验方法

(1)性能测试:通过试验测量航空泛摆线泵的流量、压力、效率等关键性能参数。试验的测量通常需要在针对性设计的试验台上进行,可以模拟泵在实际应用中的工作条件。

(2)耐久性和可靠性测试:这些测试用于评估泵的长期性能,检查其是否能够在连续工作或周期性工作条件下保持稳定的性能。

(3)材料兼容性测试:在某些应用中,泵需要处理有腐蚀性或高黏度的流体。通过试验,可以评估泵的材料是否能够在这些条件下保持其性能。

试验最容易接近真实状态,只要试验的制定、操作过程是实际状态到模型状态(全等或缩比)的相似映射,试验获得的结果就较为可靠。但是试验模型要求专门的试验场地、安全措施,重复起来比较麻烦,且操作周期长,费用高。

3.3.2　数值仿真方法

(1)流体动力学仿真:通过有限元仿真软件模拟泵内部的流体流动,可以预测泵的性能,包括流量、压力分布和效率等。这有助于在设计阶段就识别可能的问题,并优化泵的设计。

(2)热力学仿真:通过有限元仿真软件可以预测泵在工作过程中产生的热量,以及这些热量如何影响泵的性能和寿命。

(3)结构力学仿真:通过有限元仿真软件可以评估泵在工作过程中的应力和变形,从而预测其结构完整性和长期性能。

仿真模型输入参数多,建模环节多,无法确保计算精度,且大规模模型仿真严重耗时。但综合来说,数值仿真方法耗资少、过程安全、重复性好,得到的结果是全域的(可以想看哪里的响应就看哪里的响应,不会受制于传感器位置与数目),便捷高效,能明显缩短对产品性能的预示过程。

3.3.3　小结

试验和数值仿真方法可以相互验证,并且可以通过它们来优化航空泛摆线泵的设计和性能。首先,通过试验收集的数据可以用来验证和优化仿真模型。反过来,通过仿真得到的预测结果可以用来指导试验设计,提高效率,减少成本。此外,这种综合方法还可以用来评估和优化泵在不同工作条件下的性能,以及预测其长期性能。

需要提到的是,本书中关于数值仿真的内容主要集中在流体力学仿真方面。

在分析航空泛摆线泵的结构和工作特点时,由于为齿轮泵且内、外转子具有一定的偏心距,泵转子在实际旋转过程中,其出口流量和压力均会产生周期性脉动,且在部分严苛工况下,泵内流动现象比较紊乱,可能会发生空化、气蚀等非定常物理现象,因此对于航空泛摆线泵的流体动力学仿真应该为三维瞬态数值计算。第4章和第5章关于航空泛摆线泵的分析结论大部分来源于数值仿真。

▶ 3.4 航空泛摆线泵流动特性的数值仿真方法

根据航空泛摆线泵工作过程的独特性,其流动的 CFD(计算流体力学)方法与通用的 CFD 方法相比,包含了两个特殊问题分析:①齿轮泵的空化现象。在流动过程中,由于齿轮的啮合以及飞行高度增加的原因,可能会有局部的滑油汽化成气态以及气体析出问题。②计算域随时间变化。由于主/从动轮的相互啮合与分离,计算域与计算网格将不断变化。

因此,对于航空泛摆线泵的流动仿真计算应该基于多相流模型,考虑空化问题,建立滑油泵计算的三维的、非定常的 CFD 数值方法。同时,引入动网格技术,研究滑油泵齿轮啮合过程的计算方法,解决齿轮泵内流体域不断变化的问题,从而实现滑油泵内部流场的数值模拟。

3.4.1 流动模型

本书以某 CFD 类商业软件为例进行数值仿真。要计算泵内的流动情况,若为单相流动,不考虑换热,则需要联立求解流体运动的 N-S 方程以及湍流方程来预测流场中的速度和压力等物理量。典型的 N-S 方程和湍流方程在此处不赘述,读者可查阅相关文献了解。

3.4.2 空化模型

流体的湍流方程和流动方程(N-S 方程)是分别描述气相和液相两相各自流动所符合的控制方程,但是气相和液相这两相之间的相互作用,以及两相之间的相变过程需要用空化模型来描述。空化流动里包含相变过程,因此在流动的低压区域会出现非常大的密度变化,很容易发生蒸气气泡的生成和运输、压力和速度的湍流波动,并且会影响溶解和游离在输运流体中的不凝结气体的多少。Singnal 等[67]提出的气蚀模型考虑了这些因素对空化流动的影响,因此被称为全空化模型。本书介绍的商业 CFD 软件在计算泵内空化时所采用的计算模型即全空化模型。该模型将气相和液相的混合流体流动看作均匀介质混合物流动,采用各项参数进行平均化处理的混合物守恒方程,使用均匀混合项来模拟空化时的气相和液相,因此也称之为均相流模型。数值模拟中的空化模型类型很多,其中最常用的方法即为此方法。相当于 FLUENT 软件多相流模型中的 mixture 模型。它通过联立混合流体的动量、连续性和能量方程,二级相的体积分数方程,以及相对速度的代数表达式模拟具有强耦合和以相同速度运动的均匀多相流动。混合模型是完全欧拉多相模型的很好的替代模型,与全多相模型相比,mixture 这样简单的模型在求解变量数中的应用效果较好。最为常用的 Zwart-Gerber-Belamri 气蚀模型和 Singnal 等提出的全空化模型,两者均为均相流模型,已在大量的实验上进行了验证,与实验结果吻合。

本书后续章节中通过数值仿真泵内的流动和空化均采用某商业 CFD 软件中的全空化模型,即认为液体和气体充分混合,把气液两相混合物看成一种均匀介质。

该模型的基本假设有:

(1)气液两相具有相同的温度并且都处于饱和状态;

(2)气液两相的速度相等,即为均匀流;

(3)气液两相之间处于热力学平衡。

在全空化模型中引入了相变速率 R 的概念,相变速率可从气泡动力学的 Rayleigh – Plesset 方程的简化形式中得出[见式(3-6)]。此速率取决于局部流动条件(压力、速度、湍流)以及流体特性(饱和压力、密度和表面张力)。相变速率的表达式采用了两个经验常数(C_e 和 C_c),它们已经被验证,且覆盖范围非常广,无需根据不同模型流动来调整参数。数值模拟与实验具有较高的吻合度。有

$$\Re_B \frac{\mathrm{D}^2 \Re_B}{\mathrm{D}t^2} + \frac{3}{2}\left(\frac{\mathrm{D}\Re_B}{\mathrm{D}t}\right)^2 = \left(\frac{p_B - p}{\rho_1}\right) - \frac{4\nu_1}{\Re_B}\dot{\Re}_B - \frac{2S}{\rho_1 \Re_B} \qquad (3-11)$$

式中:$\Re_B$——气泡半径;

$\quad p_B$——气泡内部压力;

$\quad \rho_1$——液体当地密度;

$\quad p$——气泡外无限远的压力;

$\quad \nu_1$——气泡周围液体运动黏度;

$\quad S$——气泡表面张力。

该公式最早由 Rayleigh(1917 年)推导得到,Plesset 于 1949 年首次应用该方程求解游移空化空泡问题。详细的推导和介绍请参阅相关文献[68]。

为了获得净相变率 R_n,将液相和气相的连续方程写作如下形式:

液相:

$$\frac{\partial}{\partial t}\left[(1-\alpha)\rho_1\right] + \nabla \cdot \left[(1-\alpha)\rho_1 \boldsymbol{v}\right] = -R_n \qquad (3-12)$$

气相：

$$\frac{\partial}{\partial t}(\alpha\rho_v)+\nabla \cdot (\alpha\rho_v \boldsymbol{v})=R_n \qquad (3-13)$$

则混合物：

$$\frac{\partial \rho}{\partial t}+\nabla \cdot (\rho\boldsymbol{v})=0 \qquad (3-14)$$

其中净相变率

$$R_n=R_e-R_c \qquad (3-15)$$

其物理意义为：单位时间控制体内液相转气相的净生成质量。

此外，有

$$\alpha=n\frac{4}{3}\pi\mathfrak{R}_B^3 \qquad (3-16)$$

式中：α——蒸气体积分数；

n——气泡数量密度。

联立式（3-11）~式（3-16）和蒸气控制方程式（3-20），忽略掉高阶项，同时考虑湍流和不凝结气体的影响，最终求得蒸气生成速率 R_e 和蒸气凝结速率 R_c。

研究气液两相流的基本方法是求解变化的流体密度下的有黏 N-S 方程和传统的湍流模型。全空化模型是把流体工质认为是液体、液体蒸气以及不凝结气体三者的混合物，混合物的密度可由下式确定：

$$\frac{1}{\rho}=\frac{f_v}{\rho_v}+\frac{f_g}{\rho_g}+\frac{1-f_v-f_g}{\rho_1} \qquad (3-17)$$

式中：f_v——液体蒸气质量分数；

f_g——不凝结气体质量分数；

ρ_v——液体蒸气密度；

ρ_g——不凝结气体密度，$\rho_g=\dfrac{WP}{RT}$，其中 W 为不凝结气体的相对分子质量；

ρ_1——液体密度；

ρ——混合物密度。

不凝结气体的体积分数 α_g 和液体的体积分数 α_1 可由下列两式确定：

$$\alpha_g=f_g\frac{\rho}{\rho_g} \qquad (3-18)$$

$$\alpha_1=1-\alpha_v-\alpha_g \qquad (3-19)$$

描述蒸气分布的控制方程为

$$\frac{\partial}{\partial t}\int_{\Omega(t)}\rho f_v \mathrm{d}\Omega+\int_\sigma \rho\left[(v-v_\sigma)\cdot\boldsymbol{n}\right]f_v\mathrm{d}\sigma=$$

$$\int_{\sigma}(D_{\mathrm{f}}+\frac{\mu_{\mathrm{t}}}{\sigma_{\mathrm{f}}})(\nabla f_{\mathrm{v}}\cdot \boldsymbol{n})\mathrm{d}\sigma+\int_{\Omega}(R_{\mathrm{e}}-R_{\mathrm{c}})\mathrm{d}\Omega \qquad (3-20)$$

其中：当流场压力低于油的饱和蒸气压（即 $p \leqslant p_{\mathrm{v}}$）时，液态滑油转变为气相油蒸气，质量变换率（蒸气生成速率）为

$$R_{\mathrm{e}}=C_{\mathrm{e}}\frac{\sqrt{k}}{\sigma}\rho_{\mathrm{l}}\rho_{\mathrm{v}}\left[\frac{2}{3}\left(\frac{p_{\mathrm{v}}-p}{\rho_{\mathrm{l}}}\right)\right]^{\frac{1}{2}}(1-f_{\mathrm{v}}-f_{\mathrm{g}}) \qquad (3-21)$$

反之，当流场压力高于油的饱和蒸气压（即 $p > p_{\mathrm{v}}$）时，气相油蒸气转变为液态滑油，质量变换率（蒸气凝结速率）为

$$R_{\mathrm{c}}=C_{\mathrm{c}}\frac{\sqrt{k}}{\sigma}\rho_{\mathrm{l}}\rho_{\mathrm{l}}\left[\frac{2}{3}\left(\frac{p-p_{\mathrm{v}}}{\rho}\right)\right]^{1/2}f_{\mathrm{v}} \qquad (3-22)$$

式中：σ_{f}——湍流史密特数；

p_{v}——液体蒸气压力；

C_{c}——空化凝结系数，默认值是 1.0；

C_{e}——空化蒸发系数，默认值是 1.0；

D_{f}——蒸气的扩散率。

通过联立求解两相各自的流动控制方程、湍流方程、空化控制方程以及完全气体状态方程等，最终得到整个流场的物理参数值。

在大量的仿真计算之前我们已经做了实验，与该计算模型仿真预测下泵的性能对比发现，二者吻合度较高，说明该模型具有较高程度的可信性。

3.4.3 动网格方法

在一般流动问题中，由于结构可认为是静止或者是单纯的旋转运动，所以，计算域在计算过程中不随时间变化。然而，由于齿轮泵主动轮与从动轮之间齿轮的相互啮合与分离，在该齿轮泵的计算过程中计算域是随时间不断变化的。在计算的过程中，为了和计算域几何形状的变化相吻合，必须修正网格。

动网格一般采用网格变形（Deforming）与局部重构（Local Remeshing）相结合的方法实现。如果动边界位移较小，仅仅依靠网格的变形就能适应边界的运动，不需要重构网格。网格变形区可以局限在运动边界周围一定范围内，以此提高计算效率，也可以除去外边界和固定边界外的整个流场。当处理位移较大的边界运动时，可将动边界周围的一定范围设成网格变形区，该区网格随着边界的运动而变形，当出现严重扭曲的网格单元时，则重新生成变形区内的网格。流动参数通过插值运算从旧网格映射得到。刚性运动方法仅用于黏性绕流模拟中的高度拉伸的边界层网格，此时变形区可开设在离开物面一定距离的无黏网格部分。

网格变形能力及变形后网格质量的好坏取决于控制网格变形的物理模型。常用的变形模型有弹簧近似(Spring Analogy)模型、弹性体(Elasticity Method)模型。弹簧近似方法的基本思想是将网格单元的各条边看作弹簧,弹簧系数与边的长度有关。当边界运动后,通过求解弹簧系统节点受力平衡问题确定网格点的新位置。弹性体方法是将计算区域比作一个线性弹性体,通过求解弹性力学方程组确定网格点的位移。

在使用动网格技术时,需要对控制方程引入控制体的变化。控制方程对控制体的积分形式可表述为

$$\frac{\mathrm{d}}{\mathrm{d}t}\int_V \rho\phi\,\mathrm{d}V + \int_{\partial V}\rho\phi(\boldsymbol{u}-\boldsymbol{u}_{\mathrm{m}})\cdot\mathrm{d}\boldsymbol{A} = \int_{\partial V}\varGamma\,\nabla\phi\cdot\mathrm{d}\boldsymbol{A} + \int_V S_\phi\,\mathrm{d}V \quad (3-23)$$

式中:ρ——流体密度;

$\quad\boldsymbol{u}$——流体的速度矢量;

$\quad\boldsymbol{u}_{\mathrm{m}}$——网格移动速度;

∂V——控制体的边界。

方程式(3-23)的时间导数项可利用一阶向后差分项写成

$$\frac{\mathrm{d}}{\mathrm{d}t}\int_V \rho\varphi\,\mathrm{d}V = \frac{(\rho\varphi V)^{n+1}-(\rho\varphi V)^n}{\Delta t} \quad (3-24)$$

式中,n 及 $n+1$ 表示当前时间及下一层时间。第 $n+1$ 时间层上的体积 V^{n+1} 通过下式计算:

$$V^{n+1} = V^n + \frac{\mathrm{d}V}{\mathrm{d}t}\Delta t \quad (3-25)$$

式中:$\dfrac{\mathrm{d}V}{\mathrm{d}t}$——控制体的体积时间导数。

为保证计算域在计算过程中符合守恒原则,控制单元的时间变化可表述成

$$\frac{\mathrm{d}}{\mathrm{d}t}\int_{\partial V}\boldsymbol{u}_{\mathrm{g}}\cdot\mathrm{d}\boldsymbol{A} = \sum_j^{n_{\mathrm{f}}}\boldsymbol{u}_{\mathrm{g}}\cdot\mathrm{d}\boldsymbol{A}_j \quad (3-26)$$

式中:n——控制单元上的面数量;

$\quad\boldsymbol{A}_j$——j 面的表面积向量。

每个控制容积面上的点积 $\boldsymbol{u}_{\mathrm{g}}\cdot\mathrm{d}\boldsymbol{A}_j$ 通过下式计算:

$$\boldsymbol{u}_{\mathrm{g}}\cdot\mathrm{d}\boldsymbol{A}_j = \frac{\delta V_j}{\Delta t} \quad (3-27)$$

式中:δV_j——整个时间步 Δt 上控制容积面 j 膨胀引起的体积改变。

3.4.5 流体域提取及网格划分

对航空泛摆线泵进行流动仿真,需要进行流体域提取和网格划分、边界条件

赋值以及其他参数赋值等。对内啮合齿轮对的流体域提取需要保证内外转子之间的啮合间隙不为 0,否则在进行网格划分时将会出现流体域网格断开的情况,且若啮合间隙过小,随着内外转子旋转,模拟过程中流体域网格会发生运动变形,可能导致负网格的出现,从而造成计算中断。根据经验,正常的做法是缩小内转子尺寸,保证啮合间隙在 0.002 mm 以上,提高流体域的导出精度,同时优化网格质量,给定合适的边界条件等。

3.4.6 数值仿真所需的输入条件

对于航空泛摆线泵,由于其独特的工作方式,在进行数值仿真的时候除了要给定必要的常规参数外,还要给定旋转的瞬态参数,这样整个计算才能正常开始。需要给定的条件主要包括流体域关键结构的尺寸、进出口边界条件、工质物性、计算模型的选择、求解方法、流场进行迭代所需的初始值等。

对于航空泛摆线泵的计算,我们需要给定的关键结构尺寸为内外齿轮的齿数、偏心距、齿的倾斜角度、旋转轴旋转方向等等。

常见的进出口边界条件搭配主要有速度/压力/流量入口、速度/压力/流量出口。不同的进出口边界条件搭配直接影响计算的收敛难易程度。常用的较合适的进出口条件搭配为压力进口—压力出口、速度进口—压力出口、流量进口—压力出口、压力进口—流量出口等。

对于流体计算,工质的物性一般包括流体的温度、密度、黏度、相对分子质量、相变压力等;对于两相流计算,还需给定液相中气相所占的比例。

常见的求解方法有 SIMPLE 及其修改版的算法、PISO 算法等。对于流动速度、压力、湍流参数、空化参数以及对应的时间项均采用 2 阶迎风或其他格式进行离散,且收敛精度值应小于 1×10^{-3}。

最后要对整个流场进行迭代计算,还需要给定所有流场计算所需的初始值,一般我们需要给定的初始值为压力和速度分布等。

有了以上所有的输入条件,再加上一些数值仿真所需的其他条件(比如湍流度、表面粗糙度、转速、物理量的离散精度、收敛残差设置、非定常计算所需的瞬态参数设置、结果保存设置等),整个计算的输入才算基本完整,计算才能正常开始。

瞬态参数设置中包括齿轮旋转总圈数:一般为 2~7 圈。对于不同工况,收敛的快慢程度不同。根据大量的工况计算发现,对于所有工况,齿轮泵的计算模拟至少在旋转 2~3 圈后才会趋于稳定,最难收敛的情况在泵运转 6 圈后也都趋于稳定。

航空泛摆线泵仿真计算的时间步长是以旋转角度定义的。若内齿轮每转过一个齿设置计算 20 个时间步长,假设内齿轮有 4 个齿,即转一圈计算 80 个时间步长,也就是说齿轮旋转一圈,可以得到 80 个旋转角度下的流场结果。每一步迭代的最大次数设置为 80 次以上(根据经验,一般迭代次数为 80 次可以基本达到收敛残差要求)。在计算过程中可根据每一步计算的收敛程度灵活改变最大迭代步数和各种收敛因子。在当前时间步长下迭代收敛后,计算进入下一个准稳态,即齿轮旋转一定角度进入下一个位置,再次进行迭代计算。

▶ 3.5 本 章 小 结

本章重点介绍了航空泛摆线滑油泵的结构组成,以及泵的性能参数的理论计算方法。后续第 4 章及第 5 章的结果分析中对于泵的性能参数的计算将不再详细叙述计算过程,而只展示数值结果及规律分析。同时由于本书研究航空泛摆线滑油泵的相关结果为仿真结果,所以以本章 3.4 节详细讲解了一种计算泵的流动特性的数值仿真方法以及具体的参数设置等,以提供一种研究航空泛摆线滑油泵流场特性的方法和思路。

第 4 章　影响航空泛摆线泵性能的参数分析

　　影响航空泛摆线泵工作性能的因素有很多，主要包括物理工况因素、结构工况因素以及加工制造因素等。本章以三维瞬态仿真计算为参考，结合已有文献结论和相关实验数据，讨论物理工况因素、结构工况因素对航空泛摆线泵性能的影响，通过分析尽可能找出影响航空泛摆线泵性能相关因素的设计方向或准则。本章讨论的物理工况因素包括进口压力、出口压力、转速、温度（4.1 节主要研究了这些因素对泵出口流量、脉动的影响）。本章讨论的结构工况因素主要包括进油方式、进出油槽的结构、进口面积、转子结构参数、啮合间隙、端面间隙以及齿轮泵的级数等（4.2 节主要研究这些因素对泵出口流量、脉动、容积效率或功率的影响）。

▶ 4.1　影响航空泛摆线泵性能的物理工况参数分析

　　仿真计算的物理工况指的是在模拟过程中，为了模拟真实世界中的物理现象而设置的特定条件或环境。这些条件或环境涵盖了多个方面，以确保仿真结果尽可能地接近实际物理现象。

　　在仿真计算中，物理工况的设置是非常重要的，因为它直接影响到仿真结果的准确性和可靠性。物理工况可以包括但不限于以下几个方面：

　　边界条件：边界条件定义了仿真区域的边界如何影响模拟过程。例如，在流体动力学仿真中，边界条件可以包括流体的入口速度、出口压力、壁面条件等。

　　初始条件：初始条件指定了仿真开始时的系统状态。例如，在机械系统仿真中，初始条件可能包括各个部件的初始位置、速度、加速度等。

　　材料属性：材料属性定义了仿真中使用的材料或者工作介质的物理特性，如密度、弹性模量、泊松比、热传导系数、黏度等。这些属性对于预测材料在特定条件下的行为至关重要。

　　载荷条件：载荷条件指定了仿真过程中作用在系统上的外力或力矩。例如，在结构力学仿真中，载荷条件可能包括重力、风载、地震作用等。

　　接触条件：在涉及多个物体相互作用的仿真中，接触条件定义了物体之间的接触方式和力学行为。例如,在碰撞仿真中,接触条件可能包括碰撞恢复系数、摩擦因数等。

此外,物理工况还可能包括一些特定的环境参数,如温度、压力、湿度等,这些参数对于某些物理现象(如化学反应、热传导等)具有重要影响。

通过合理设置物理工况,仿真计算可以更加准确地模拟真实世界中的物理现象,为科学研究、工程设计等领域提供有力的支持。

对于本书研究的航空泛摆线泵的流场模拟,其研究的物理工况主要指:泛摆线泵的进出口边界条件,如进、出口压力、速度、流量等的分布;材料属性,如油液温度、黏度、弹性模量、含气量、饱和蒸气压等;载荷条件,如转速;初始条件,如模拟开始时的速度、压力及其他物理量在场内的分布。根据对大量文献的调研发现,转速、泵的进出口压力、油温的变化对泵的性能有着较明显的影响。

因此,本节将改变泵仿真的边界条件(进、出口压力)、材料属性(工作介质的温度)、载荷条件(转速)等,其他初始条件(速度、压力场等的分布)、材料属性(弹性模量、密度等)等均保持不变,研究其对泵出口流量和脉动的影响。

4.1.1　影响因素:入口压力与转速

1. 入口压力、转速对泵出口流量的影响

对于航空泛摆线泵,其进口压力一般在 $20\sim100$ kPa(绝对压力)之间,由于油箱内部与外界大气相通,因此其不同进口压力对应不同飞行高度。

航空泛摆线泵的驱动方式为发动机主轴旋转,通过传动机构减速至泵需要的转速。目前常见的航空泛摆线泵的转速一般在 $2\,000\sim8\,000$ r/min 之间。高转速滑油泵可以大大减少附件传动轴及相关结构的数量,进而缩短附件传动链,简化附件机匣结构,并且利用附件机匣节省的空间实现高度集成的附件机匣和滑油系统各附件(滑油箱、滑油滤、滑油泵、流量管理阀、离心通风器、高空阀、磁堵等)一体化结构。因附件数量及外部管路大量减少,从而大大提高了发动机传动系统、滑油系统及外部结构的可靠性和可维修性。但若超过一定转速值,滑油泵的容积效率会大幅下降,压力脉动强度也会急剧上升,这对泵的设计及加工要求非常高,因此,提高滑油泵转速,保证高转速下滑油泵的寿命及性能是一个具有实际意义的研究内容。高速泵的设计也是航空滑油泵的一个重要发展方向。

本章以某航空泛摆线滑油泵供油级单级泵为原型[本章后面表述时将其简称为某(单级)航空泛摆线泵],经过三维瞬态仿真计算得到了不同转速下、不同入口压力下的泵的流量曲线,如图 4-1 所示。泵主要结构参数见表 4-1。

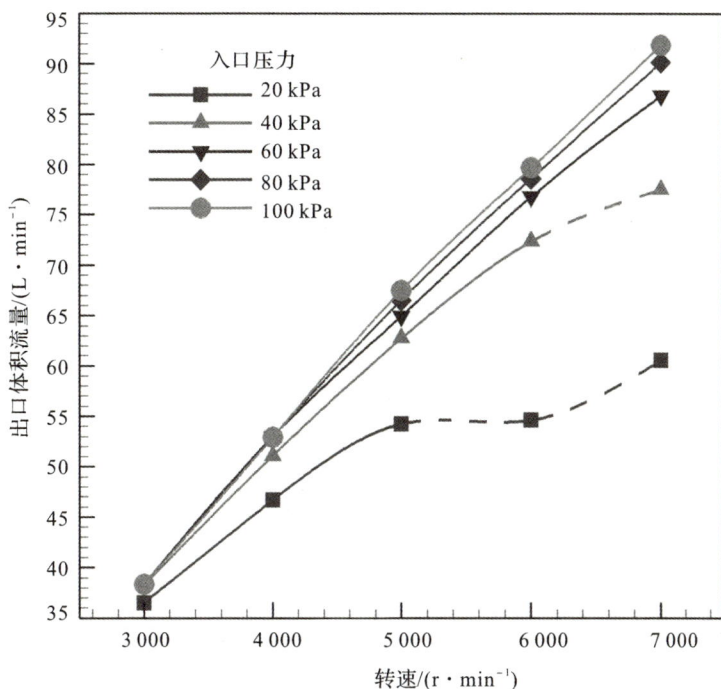

图 4 - 1 不同入口压力、不同转速下的流量

表 4 - 1 泵主要结构参数

齿宽	进口直径	出口直径	齿数	级数	油槽结构	油槽高度
10 mm	18 mm	12 mm	4×5	单级	对角式	6 mm

图 4 - 1 中虚线工况表示在此工况下的计算,内部流动非常不稳定,其进出口质量流量差出现了较大的误差。但是进口和出口的时均流量值以及流场中任意一点的物理时均值仍然一直趋于定值。计算所得数据不具有准确性,但所得的数据发展趋势有一定的参考性。出现这种情况主要是由于采用的泵模型齿数少,偏心距大,再加上低压进口、高转速这几个因素共同作用,在泵的入口段及转子吸油段内部发生了剧烈的空化、填充损失、湍流及更混乱的流动现象。此时,通过修改收敛因子、提高网格质量和数量或者缩小时间步长已经无法合理、精确地计算出其内部的物理场分布了。其次,偏心距过大,也会导致泵的主轴承受的径向力不平衡,随着转速升高,严重的话可能直接导致泵工作时主轴断裂[69]。图 4 - 1 中的工况实际上反映出了此泵能够稳定工作的工况边界点。对于不同的模型,总有其对应的计算工况的最大范围,超出此工况范围,计算则会出现较大误差。

在航空泛摆线泵中,由于压油腔和吸油腔之间存在压差,且内转子与外转子之间存在齿顶间隙,可以认为压油腔的压力逐渐分级下降到吸油腔压力,这些液体压力的合力就是作用在轴上的径向不平衡力 F,如图 4-2 所示。

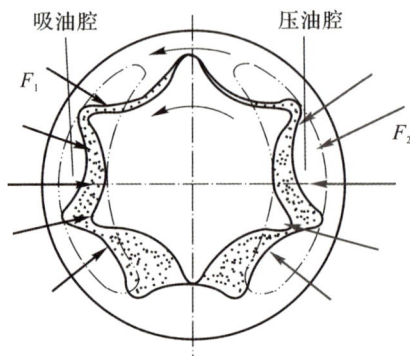

吸油腔　　　　　　压油腔

F_1　　　　　　　　　　F_2

图 4-2　航空泛摆线泵的液压径向不平衡力

作用在泵轴上的径向力能使轴弯曲,引起齿顶与泵壳体相接触(外啮合齿轮泵),或者造成外转子外圆与泵壳体接触产生摩擦(内啮合齿轮泵),降低轴承的寿命;在高转速、高的进出口压力差下可能进一步造成齿轮泵轴折断或者转子与壳体剧烈摩擦、卡死等。随着齿轮泵压力的提高,危害加剧。应采取措施尽量减小径向不平衡力,其方法如下:

(1)缩小压油口的直径,使压力油仅作用在一个齿到两个齿的范围内,这样压力油作用在齿轮上的面积减小,因而径向不平衡力也就相应减小。

(2)对于内啮合齿轮泵,偏心距过大,会导致内外两齿啮合区域面积的最大与最小面积之差变大(即排量变大),从而导致径向不平衡力增大。因此,可适当减小偏心距,但偏心距的减小意味着泵的排量减小。

(3)增大泵体内表面与齿轮泵齿顶圆的间隙,使齿轮泵处在不平衡径向力的作用下,齿轮也不能和泵体相接触。

(4)开压力平衡槽[70-74]:在壳体内开槽将吸油口与高压油腔连通,将压油口与低压油腔连通,这样吸油腔和压油腔相对应的径向力得到平衡,使作用在轴承上的径向力大大减少。但因为此方法会使泵的内泄漏增加,容积效率降低,所以目前很少使用。

从图 4-1 中可得到的有效结论如下:

当入口压力一定时:

(1)随着转速升高,泵的体积流量也增大,流量基本随转速呈线性关系增长。

(2)当入口压力较高时,出口体积流量基本随转速升高而呈直线上升。当入口压力变低时,随着转速升高,流量升高速度变缓,这是由于入口压力的降低以及转速的升高——两者都会导致油液自身汽化,产生气泡,占据滑油泵腔内一定体积,导致排油流量降低。

当转速一定时:

(1)低转速(3 000 r/min)下,滑油泵出口体积流量随入口压力的降低而基本保持不变。这是由于转速较低,不足以导致滑油空化,从而在几种入口压力下,泵都可以看作是纯油流动,故流量基本相同。

(2)在不同入口压力下,当转速超过 4 000 r/min 时,入口压力才会开始对流量产生影响,且随着转速增大,不同入口压力下的流量差距变大。除去计算不稳定的工况,同一转速下,入口压力为 40 kPa 和 100 kPa 下的体积流量相差了 4.79 L/min,即出口体积流量下降了 7.64%。

2. 入口压力、转速对流量脉动率的影响

图 4-3 为不同入口压力、不同转速下某(单级)航空泛摆线泵的出口流量脉动率。可以看出,入口脉动率随入口压力升高而降低,即入口压力的增大,能够有效降低脉动。这是由于入口压力增大能够明显降低滑油空化,进一步造成了气泡破灭所引起的剧烈扰流和振动减弱,从而降低了脉动。根据计算可估计入口压力从 100 kPa(地面)降低至 20 kPa(万米以上高空),脉动约升高了 4~5 倍。

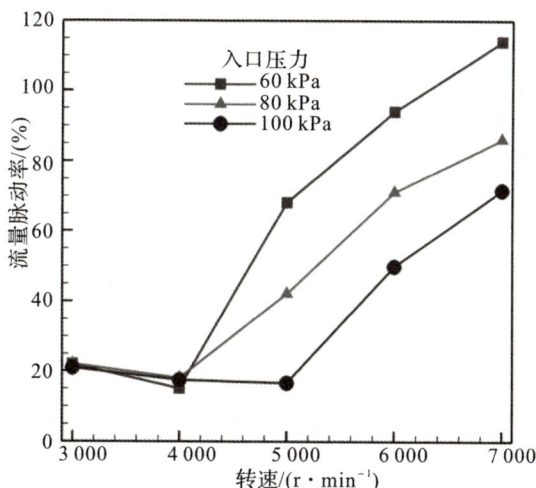

图 4-3 不同入口压力、不同转速下的流量脉动率

同一入口压力下,转速越大,流量脉动率也越大。这是由于转速的升高导致滑油空化现象加剧,从而加剧了脉动。进口压力越低,转速升高、脉动增大的幅度越大。在转速为 3 000~7 000 r/min 内,转速升高 1 倍多,脉动升高 2~4 倍。

3. 入口压力、转速对压力脉动的影响

由图 4-4 和图 4-5 可以看出,入口压力一定时,随着转速升高,压力脉动率明显升高,压力幅值也明显升高。这是由于转速的升高导致泵出口流速升高,出口液体动压头增大,从而导致最大瞬时总压变大;同样,转速过高也会导致当泵瞬时总压最小时,液体来不及排出,泵出口动压头减小,从而泵出口瞬时最小总压更小,即脉动率更大。随着转速升高,转子区域空化现象也会加剧,这也会造成流动不稳定现象,导致脉动的加剧。

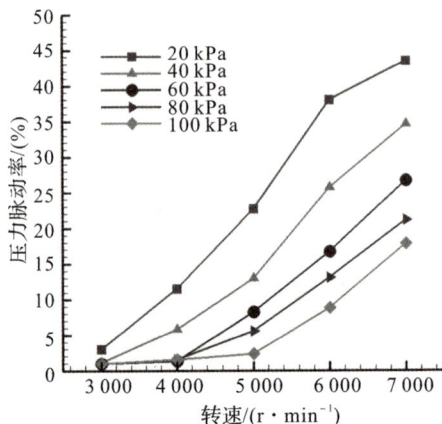

图 4-4 不同入口压力、不同转速下的压力脉动率

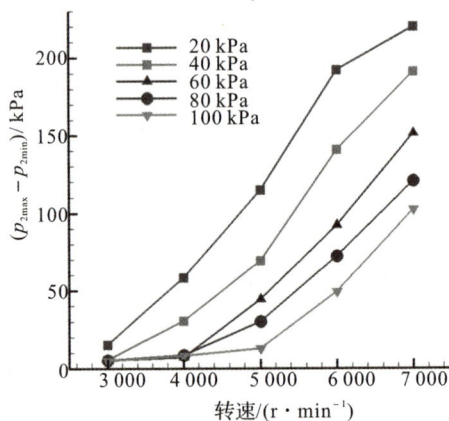

图 4-5 不同入口压力、不同转速下的压力幅值

同一转速下,入口压力升高时,压力脉动率会明显降低,压力幅值降低,有效抑制了空化现象的加剧,同时更有利于滑油顺利填充满滑油泵的转子区域,使得流动更加连续。

4.1.2 影响因素:出口压力与转速

1. 出口压力、转速对泵出口流量的影响

对于航空泛摆线泵,出口压力一般在几百千帕至几兆帕之间,取决于泵出口阻力(背压)的大小。图 4-6 和图 4-7 分别是入口压力为 80 kPa、100 kPa,不同出口压力下的某(单级)航空泛摆线泵的流量。可以看出,同一转速下,当进口压力一定时,随着出口压力升高,出口体积流量稍微减少,变化不明显。这是由于虽然进出口压差变大,导致排油困难,但是对于滑油泵来说,是转子在进行强制抽吸,仅仅增大了转子的轴功率输出而已。

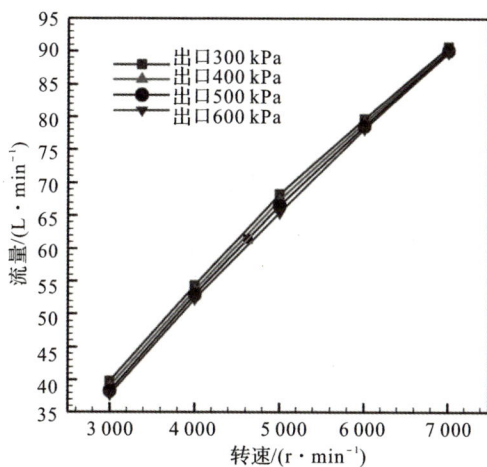

图 4-6 入口压力 80 kPa,不同转速、不同出口压力下的流量

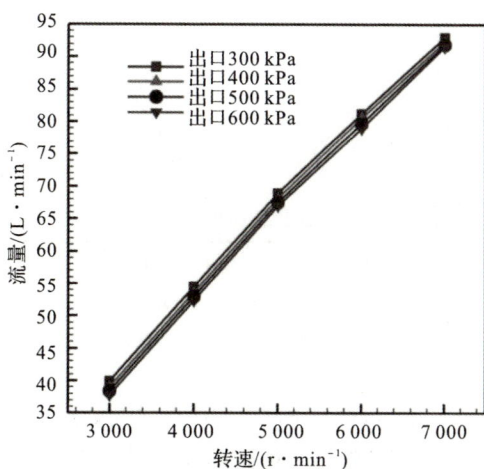

图 4-7 入口压力 100 kPa,不同转速、不同出口压力下的流量

2. 出口压力、转速对泵出口流量脉动的影响

图 4 - 8 和图 4 - 9 分别是入口压力为 80 kPa、100 kPa，不同出口压力下的某（单级）航空泛摆线泵的流量脉动率。

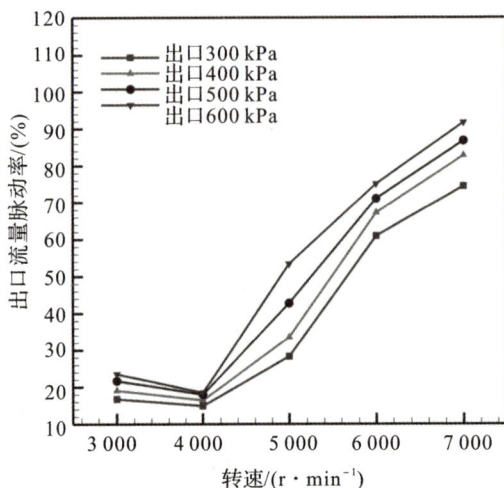

图 4 - 8　入口压力 80 kPa，不同转速、不同出口压力下的流量脉动率

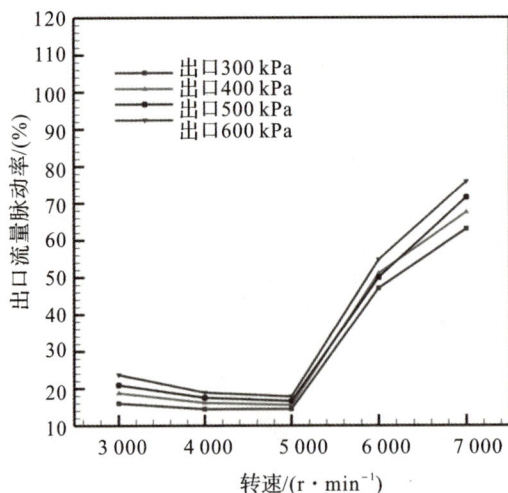

图 4 - 9　入口压力 100 kPa，不同转速、不同出口压力下的流量脉动率

可以看出，当转速一定时，随着出口压力的增大，脉动率增大。随着入口压力的减小，流量脉动率的增幅增大。对比图 4 - 3 可知，相对于进口压力每变化 20 kPa，出口压力每变化 20 kPa 对流量脉动率的影响较小。简言之，在研究的工

况范围内,相较于出口压力变化,进口压力的变化对流量脉动率的影响更敏感。

3. 出口压力、转速对压力脉动的影响

对比图 4-8、图 4-9 和图 4-10、图 4-11 可以看出,压力脉动率的规律与流量脉动率的规律基本相同,可通过流量脉动率和出口的最大、最小瞬时流量来估算压力脉动率和压力幅值的大小。在出口压力为 300～600 kPa 范围内,出口压力每升高 100 kPa,最大出口压力幅值可升高约 18 kPa。

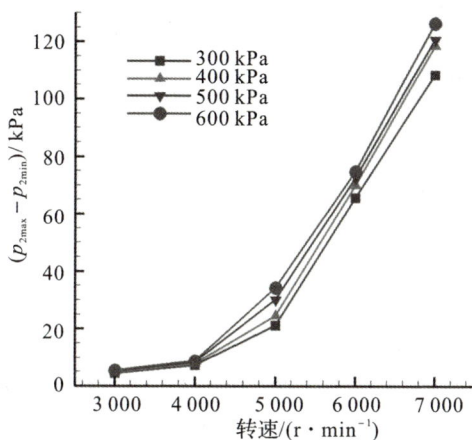

图 4-10 入口压力 80 kPa,不同转速下的出口压力幅值

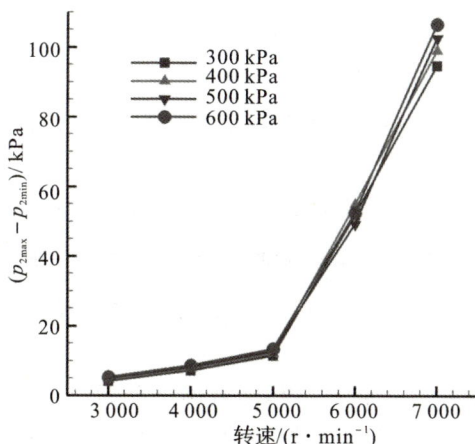

图 4-11 入口压力 100 kPa,不同转速下的出口压力幅值

4.1.3 影响因素:温度与入口压力

温度的改变会影响油液的黏度及饱和蒸气压。已知滑油泵油液可能的最大

工作温度范围为−40～180 ℃。温度太低时黏度较高,油液无法及时填充,且驱动泵的功率将大大增大;温度太高时,油液黏性太低,泄漏较多,将会导致泵出口流量降低[75-76]。图 4-12 为某牌号航空润滑油在不同温度下的运动黏度。由于在−10 ℃以下,油液黏度非常大,对应的实验或者仿真已经无法实现,因此图中未展示对应温度下的黏度。

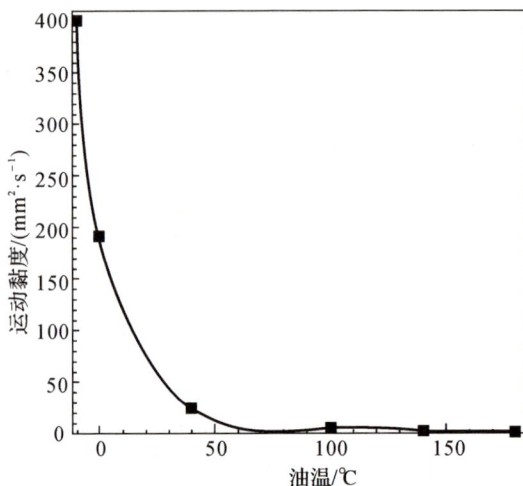

图 4-12 某牌号航空润滑油的黏温曲线

滑油的饱和蒸气压随着温度升高而升高,但其值一般在 20 kPa 以下,某机构测得几款常用牌号的航空润滑油在 180 ℃下的饱和蒸气压均小于 20 kPa。大量的计算证明,饱和蒸气压在 20 kPa 以下变化,对泵的流量、气蚀等情况影响不大。

因此,温度变化时对泵性能的主要影响因素为油液的黏度。

1. 入口压力、转速对泵出口流量脉动率、压力幅值、轴功率的影响

图 4-13～图 4-16 为通过仿真得到的某(单级)航空泛摆线泵性能随油温的变化曲线。

从图 4-13～图 4-16 可以看出,随着温度升高(−10～180 ℃),泵的出口流量先升后降;流量最大值出现在温度为 10 ℃的工况。温度从−10 ℃升高到 10 ℃,饱和蒸气压都比较小,流量基本不受影响,但黏度的值在此温度区间非常大,且随温度升高降低很快,流动阻力降低,从而导致流量升高。温度从 10 ℃升高到 180 ℃,黏度约降至原先的 1%,饱和蒸气压升高,黏度的急剧降低导致泄漏严重,饱和蒸气压的升高也导致空化现象加剧,两者共同造成了流量的下降。

　　流量脉动率和出口压力幅值的最小值基本都出现在 0～40 ℃之间,而轴功率随着温度升高一直降低,在 40 ℃之后温度继续上升,轴功率基本变化不大。

　　综合仿真结果的几个因素来看,滑油的最佳温度在 10～40 ℃之间。而实验研究表明,一般滑油温度在 40～60 ℃之间泵的性能表现最佳。实验和仿真计算的结果有一定偏差,但整体结果比较接近。

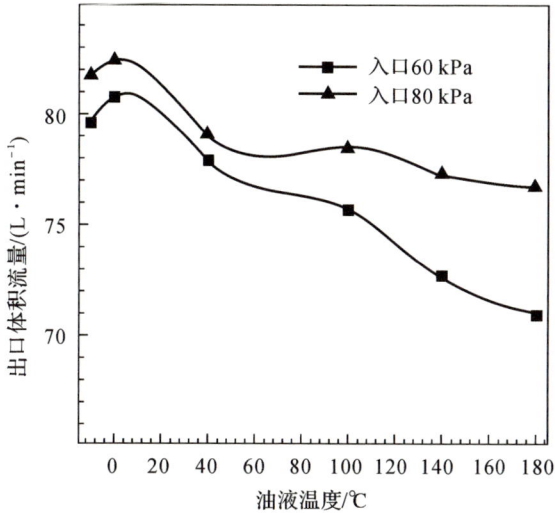

图 4 - 13　不同油温下泵的出口体积流量

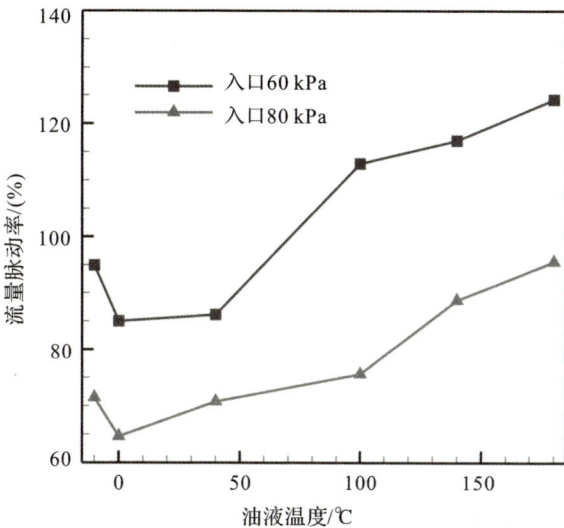

图 4 - 14　不同油温下泵的出口流量脉动率

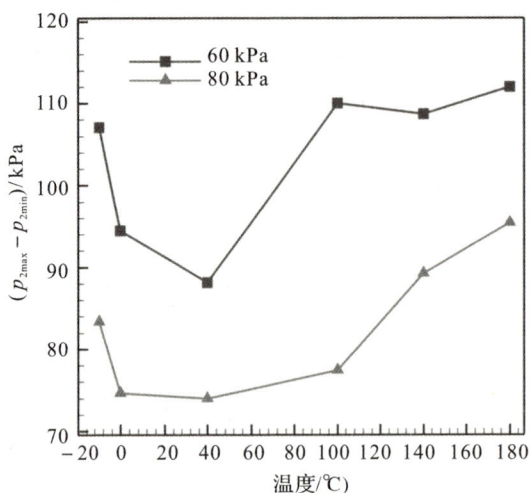

图 4-15　不同油温下泵的出口压力幅值

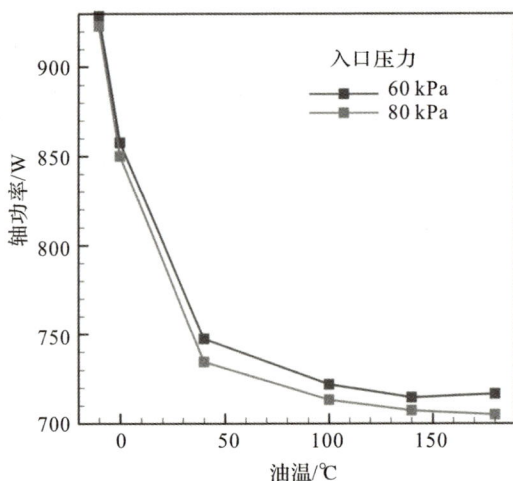

图 4-16　不同油温下泵的轴功率

▶ 4.2　影响航空泛摆线泵性能的结构工况参数分析

　　大量文献调研和已有实验发现,影响航空泛摆线泵性能的主要结构工况因素有:油液进入转子啮合区域的方式,进出油槽的高度、形状,泵的入口面积,转子宽度,转子的结构设计参数(e、h、k、z 等),转子啮合间隙以及端面间隙等[77-80]。

4.2.1 进油方式

进油方式指的是滑油从油槽中流入转子啮合区域的方式。油液可以沿着轴向流入转子啮合区域(轴向进油),也可以直接沿着泵的入口方向沿转子的径向方式直接流入转子啮合区域。沿径向方向进油可以大大减小泵的体积,但是会导致泵内啮合区域出现气穴现象。

图 4-17(a)为某(单级)航空泛摆线泵供油级单级泵的流体域,其采用双面轴向进油。油液进入转子啮合区域的方向如图 4-18 所示。

(a)   (b)

图 4-17 单/双面进油方式
(a)双面轴向进油; (b)单面轴向进油

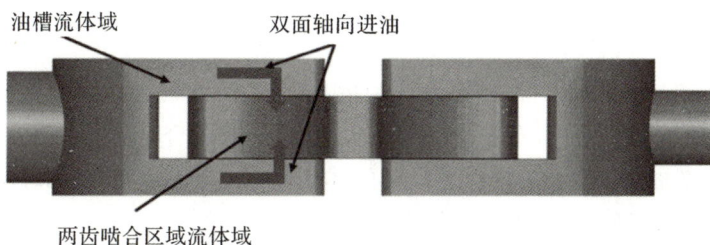

油槽流体域   双面轴向进油

两齿啮合区域流体域

4-18 轴向双侧进油

采用轴向进油的结构方式,提升内转子转速 n_1 时,油液充填不会因为离心作用而受到阻碍,反而会促进其充填进入容积腔内,有效避免"气穴",从而提高容积效率。

双面进油指从转子的两个端面进油,相比单面进油,增大了进口面积,特别是对厚的转子和高转速下工作的泵可改善其齿间充填性能,提高效率。

在转速较低、入口压力较大的情况下,单面进油的弊端还未明显显现出来,两种进油方式都能够使油液及时进入转子区域内,填充损失较小,且滑油自身的空化现象也较小。经过计算发现,当转速增大至 5 000 r/min 时,双面轴向进油已经初见优势,其出口流量已经超过单面轴向进油方式;此时单面轴向进油已经造成了较大的填充损失,随之带来的是更严重的空化现象,从而导致脉动也增大。

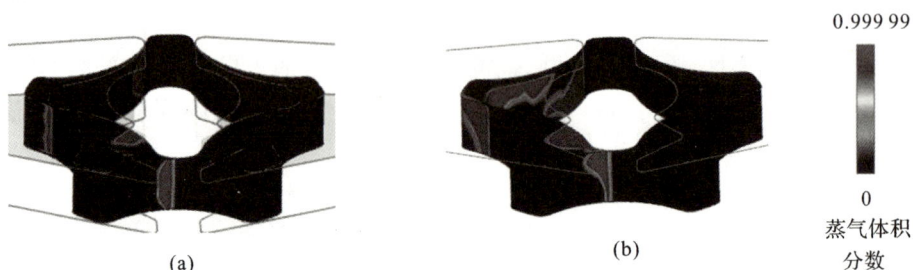

图 4-19 单双面进油空化现象对比(转速 5 000 r/min)
(a)双面轴向进油; (b)单面轴向进油

从图 4-19 可以看出,转速为 5 000 r/min 时,单面轴向进油的空化程度已经比双面轴向进油方式严重得多,这也是填充损失所导致的空化加剧以及滑油本身由转速升高而自身空化两者共同作用的结果。

综合以上分析可知,泵的设计中,在有充分空间的情况下应该尽量选用双面轴向进油。

4.2.2 油槽高度 H

图 4-20 中的 H 为油槽高度。油槽高度太小,高转速下,油液无法及时进到转子区域内,造成空穴现象。油槽高度太大,低转速下,油液在油槽内流速过慢,同样会造成空穴现象,且会造成泵的体积增大。因此,油槽的高度要根据转速和其他工况来确定,其值不能过大也不能太小。

为了保证油液能够及时充分填充转子啮合区域,其双面油槽高度之和的设计值一般约保持在转子宽度的 0.8～1.2 倍。其初步的设计值大小可通过设计流量及油槽宽度等估算,具体方法见第 6 章。

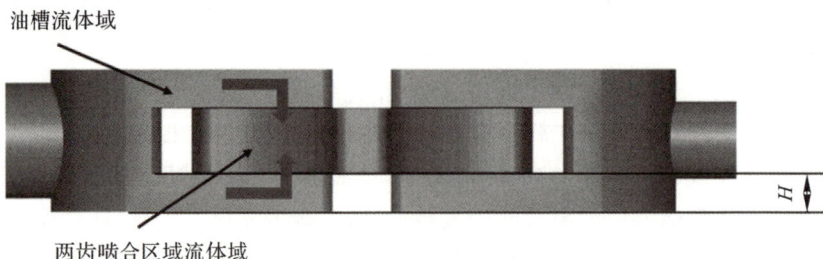

图 4-20 油槽高度示意图

图 4-21 为转子宽度为 10 mm、不同转速下油槽高度对出口流量的影响的计算结果(纯油流动)。可以看出,在双面油槽高度与转子宽度比值为 0.8~1.6 的范围内,油槽高度的变化对流量基本无影响。但是较大的油槽高度意味着泵的体积将明显增大。经过计算发现,当油槽高度(双面之和为 8 mm)小于 4 mm 时,泵的出口流量明显升高,且轴功率大大提高,如图 4-22 所示。

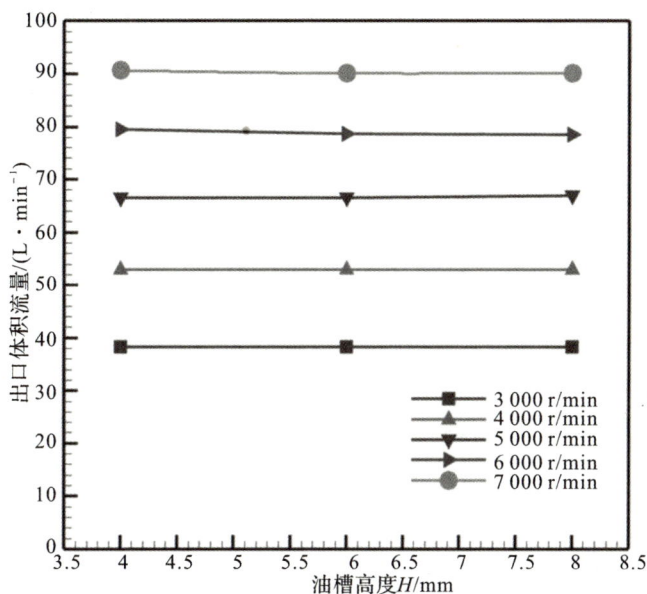

图 4-21　不同转速下油槽高度对出口流量的影响(入口压力为 80 kPa)

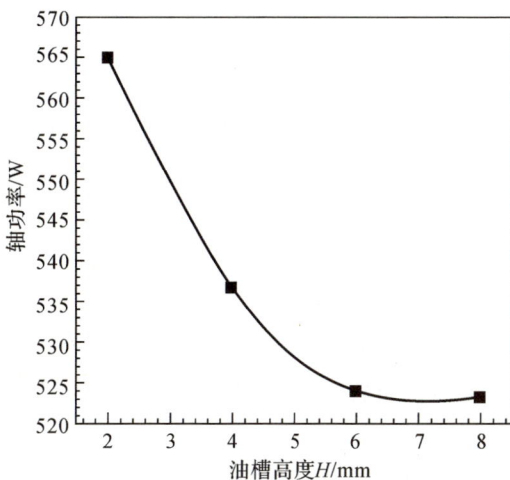

图 4-22　不同转速下油槽高度对轴功率的影响(入口压力为 80 kPa,5 000 r/min)

当滑油流动考虑空气的混入时,油槽高度的降低可能导致空化现象加剧,从而导致轴功率出现较明显的上升,同时伴随着脉动增加,流量减小。因此在设计时,若滑油流动中有空气混入,应考虑将在纯油流动的基础上设计出的油槽高度值适当增大。

4.2.3 进出油槽(隔板)夹角

进、排油腔窗口通常呈月牙状布置在泵体或泵盖上。一般月牙状油腔的内缘是以内转子的回转中心 O_1 为圆心、以内转子的齿根圆 r_{f1} 为半径的圆弧,而月牙状油腔的外缘则是以外转子的回转中心 O_2 为圆心、以外转子的齿根圆 r_{f2} 为半径的圆弧。图 4 - 23 中虚线区域为进排油腔窗口。关于油槽(进排油腔)的设计详见第 6 章。本章只对几种模型油槽结构下的泵的性能进行简单对比讨论。

延长进油时间、缩短排油时间能够有效降低泵后的脉动和提高泵的出口流量。但是进油角过大(进油时间延长)可能会导致进出油槽沟通,造成高压区油液向低压区油液泄漏,从而降低容积效率,并造成内部的流动不稳定现象,且工况越苛刻,泵内的流动紊乱程度会进一步加剧,造成泵后脉动过大。排油时间过短也会造成出口油液无法及时排除,瞬时压力过大,从而导致出口压力脉动较大。因此,合理地确定油槽夹角的大小,需综合考虑内外转子的啮合情况及泵的工况条件。

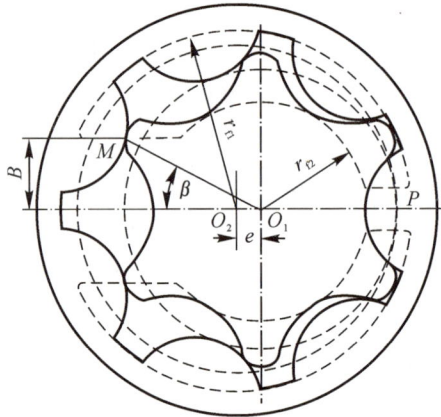

图 4 - 23 航空泛摆线泵齿廓及进排油腔截面

以下为某(单级)航空泛摆线泵流体域及四种改型模型(见图 4 - 24):

(1)改型 1:将进油槽夹角从原始的 35°改为 20°,相当于增大了进油面积,延长了进油时间。

(2)改型 2:将出油槽与进油槽之间的距离从原始的 9 mm 加大到 13 mm,即出油槽左端面右移 4 mm,相当于减小了出油角。

（3）改型 3：将出油槽与进油槽之间的距离从原始的 9 mm 加大到 16 mm，即出油槽左端面右移 7 mm，相当于进一步减小了出油角。

（4）改型 4：在原始结构的基础上，将进油槽夹角从原始的 35°改为 20°的同时，将出油槽与进油槽之间的距离从原始的 9 mm 加大到 13 mm。即同时延长进油时间，缩小出油时间。

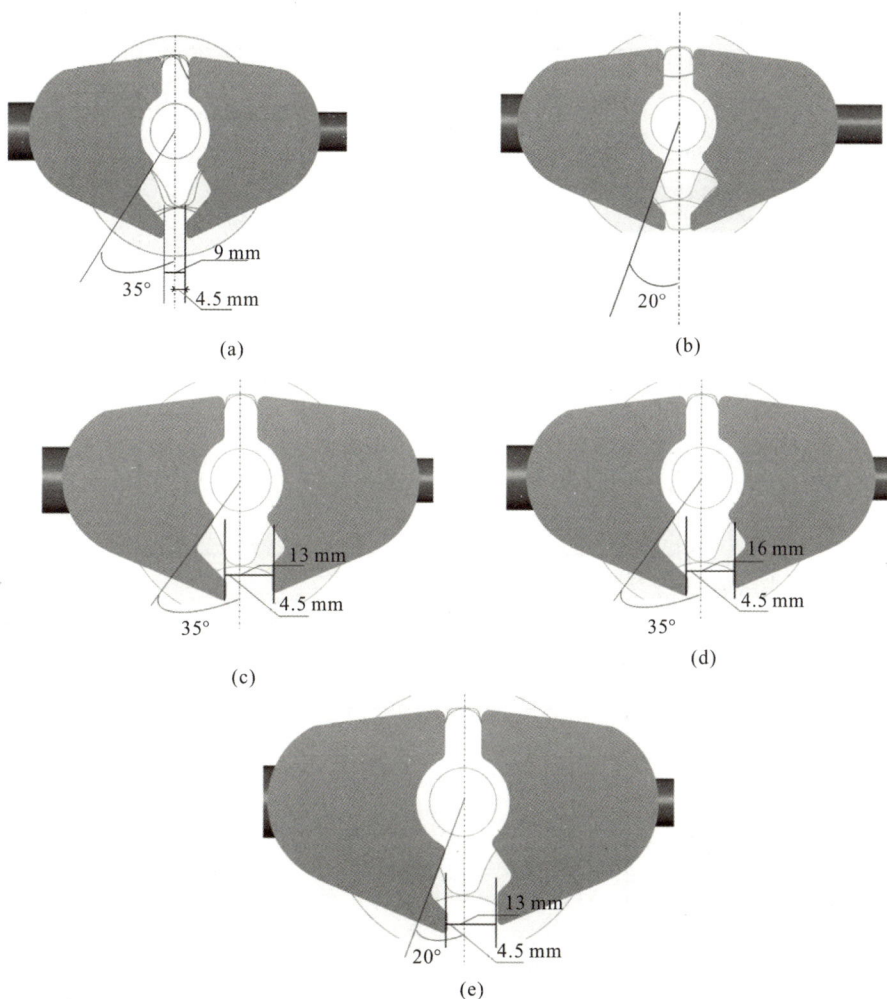

图 4-24　油槽改型结构

(a)原始结构；　(b)改型 1；　(c)改型 2；　(d)改型 3；　(e)改型 4

图 4-25 和图 4-26 为由四种模型计算得到的流量和脉动率，可以看出：

（1）改型 1 增加了进油时间，但是由于进出口油槽沟通，脉动率大幅度提升，沟通位置如图 4-27 所示。

(2)改型 2 和改型 3 均是缩小了出油夹角,脉动均有部分降低。

(3)改型 4 只计算了入口压力为 20 kPa 的工况,改型 4 结构的流量相比原始结构提升了 7.66%。改型 4 同时将进油槽夹角扩展至 20°并将出油槽出油夹角变小,将会导致进出油槽互不沟通(见图 4-28),即相当于在保证进出油槽不相通的情况下,延长了进油时间并且缩短了出油时间,因此结构改型 4 流量提升最多。

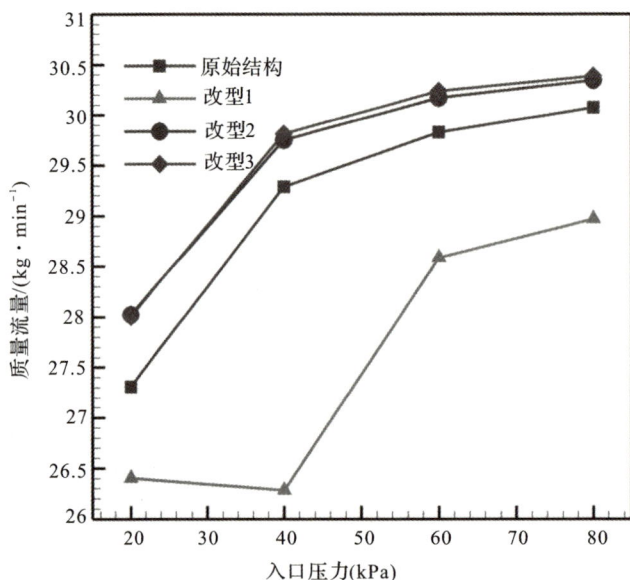

图 4-25　油槽结构-入口压力影响下的流量

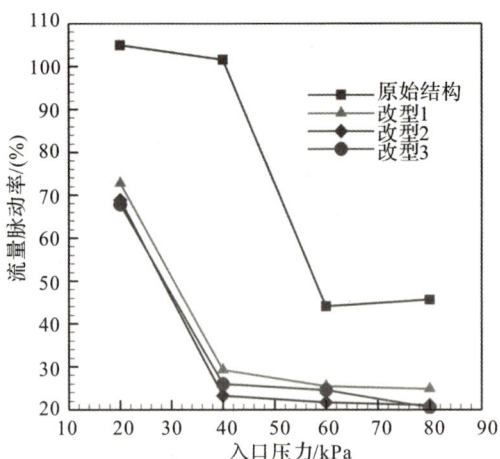

图 4-26　油槽结构-入口压力影响下的流量脉动率

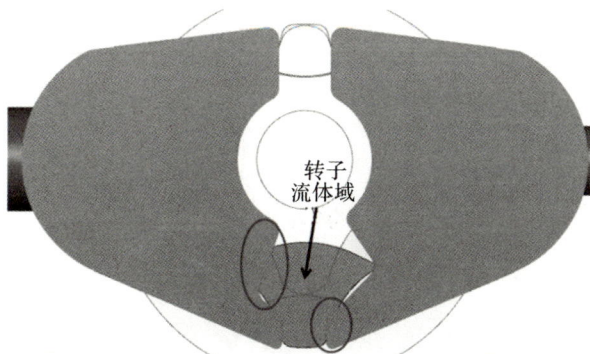

图 4 - 27　改型 1 进出油槽沟通区域

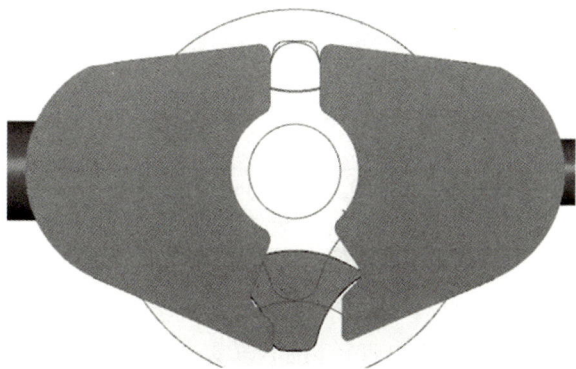

图 4 - 28　改型 4 进出油槽互不沟通

因此,可以得出结论:在保证进出油槽互不沟通的情况下,扩大进油面积同时缩小出油面积,能够有效地提升泵的流量和降低脉动率。

4.2.4　入口面积

入口面积指航空泛摆线泵吸油口管子的横截面积。在入口压力不变的情况下,入口面积越大,入口流速越低,越能够有效抑制空化,从而提高泵的流量和容积效率。然而,当入口面积达到某一临界值时,若继续将它增大,由于泵内部结构空间限制,流量无法继续增大,达到了泵的最大通流能力。此时已不需要再一步增大进口面积。若进口面积过大,且此时油液黏性也较大,则可能造成油液流动缓慢,导致泵启动滞后。

图 4 - 29 所示为入口压力 60 kPa 下纯油流动时不同入口面积的泵的出口

流量。图中 D_{in}/D_{out} 指泵的入口管径与出口管径之比。

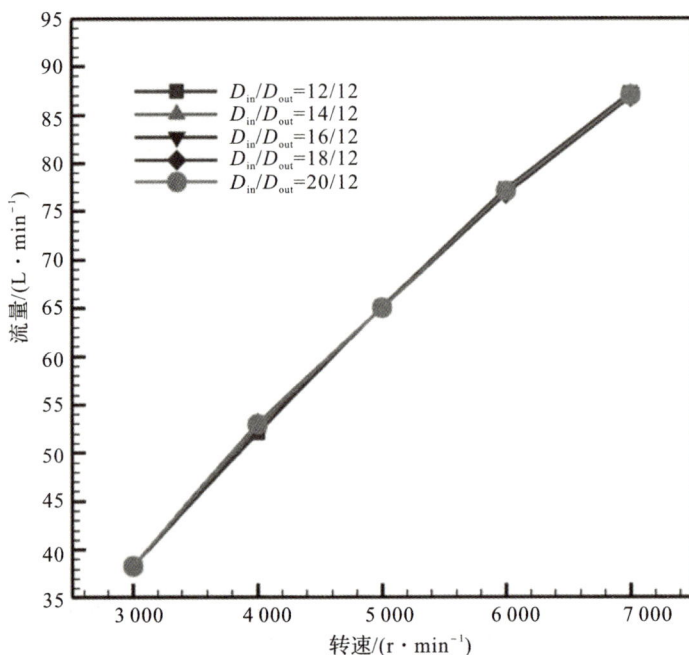

图 4-29 不同入口直径下，转速对流量的影响（纯油流动）

纯油流动时，固定泵的出口管径，在不改变进出口压力的情况下，缩小入口管径却提高了入口的流动速度（见图 4-30）。从图 4-30 可以看出，入口管径变细但速度增加，纯油流动下速度的增加导致静压降低，但不足以降到滑油的饱和蒸气压以下，因此几种进口管径下的流量基本保持一致。然而，速度的增加将直接导致液压冲击现象的发生，使得流动不稳定，脉动现象加剧，同时使转子功率变大。对于非纯油流动，滑油流速过高将导致气体从油液中分离出来，造成空化现象和液压冲击。因此，在设计的时候尽量保证入口管径较粗，限制泵入口的流速在 4～6 m/s 以下。

流动:x方向速度/$(m \cdot s^{-1})$

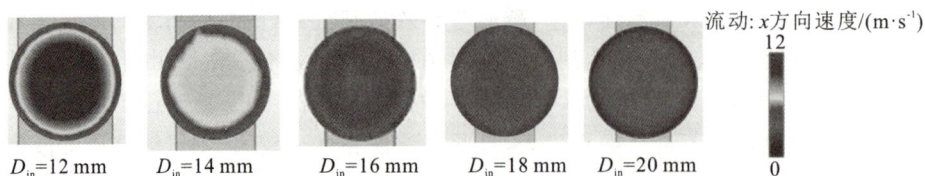

图 4-30 入口压力 60 kPa，转速 4 000 r/min 下入口截面速度云图

非纯油流动时,即滑油中含有空气等杂质气体。图4-31为某两级泵改变入口直径以及油液的含气量得到的流量曲线。此时,随着泵进口面积的增大,管道进口流速降低,油液中的空气被分离出来的越来越少,即可逐步近似成纯油流动。可以看出,当进出口管径比增大到1.8时,流量基本不再增加。

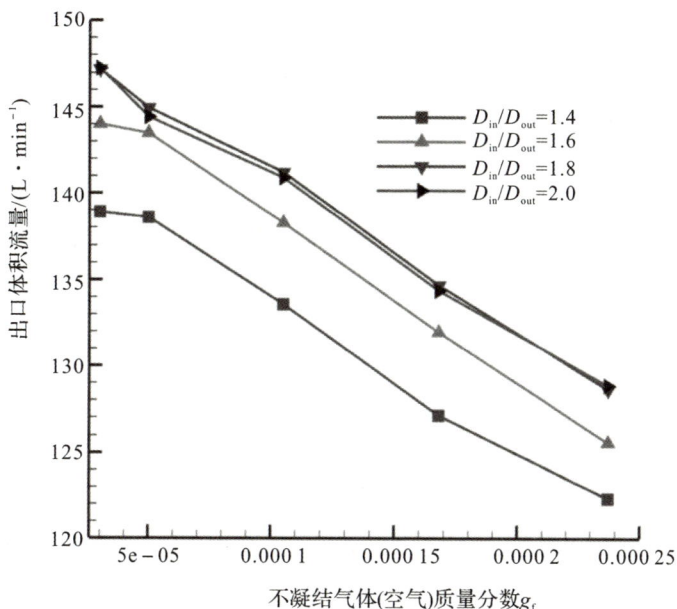

图 4-31   不同结构下,含气量与出口体积流量的关系(非纯油)

4.2.5   转子宽度 B

转子宽度指内、外转子沿轴向方向的宽度。对于航空泛摆线泵,其转子宽度一般设计在6~14 mm 之间。转子的宽度大小需与转速、进口压力、油槽的深度 H 等综合匹配确定。转子宽度 B 越大,排量越大,泵的排量与齿轮宽度 B 成正比。

由于齿腔轴向进油,转子宽度的增加来不及受到充油的限制,这在进口压力较低时尤为敏感。因此,在相同转速下,薄转子的流量特性与高空性能要好些。但转子宽度过小会增大泄漏,还易发生转子变形,且受力不好。一般转子宽度 B 不宜小于1.5 mm。增大 B 对减少泄漏、提高容积效率有利,但 B 过大对加工精度要求高,也会因油腔过深导致油液来不及充满,反而使容积效率降低。

图 4-32 为某(单级)航空泛摆线泵纯油流动时,改变转子宽度得到的流量曲线。可以发现,在同一转速下,随着转子宽度的增加,出口流量基本呈线性增长。这与泵的理论公式相吻合。

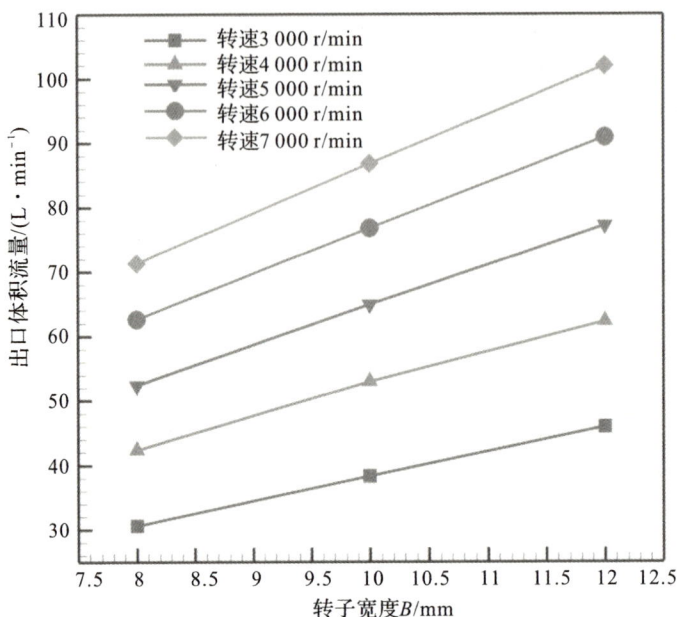

图 4 - 32　入口压力 80 kPa 下转子宽度对流量的影响（纯油流动）

从图 4 - 33 可以看出，转子宽度不变时，转速增加，压力脉动幅值增加；转速一定时，转子宽度增加，压力脉动幅值呈抛物线式增加。这是因为较宽的转子会导致填充损失及空化现象，对流动造成强烈扰动，从而使流动不稳定。

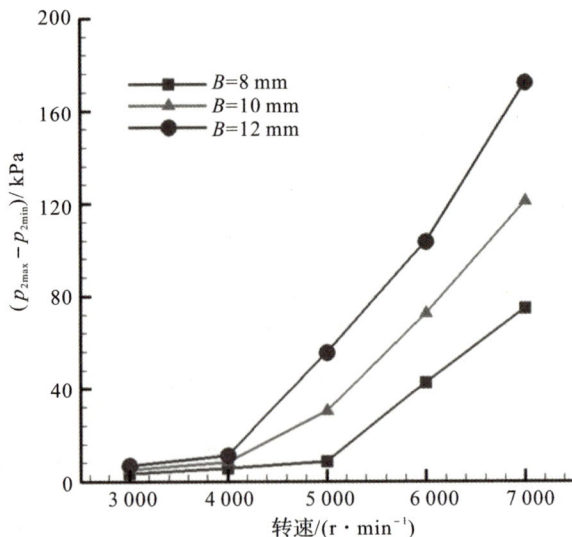

图 4 - 33　入口压力 80 kPa 下转子宽度对压力脉动幅值的影响

图 4 - 34 和图 4 - 35 分别为 5 000 r/min 和 6 000 r/min 转速下转子转至同一位置时的空化情况。可以看出,转速为 6 000 r/min 时空化现象已经非常严重。这是转速增加导致滑油自身空化加剧,以及转速增加导致填充损失现象加剧而间接导致的空化加剧两者共同造成的结果。

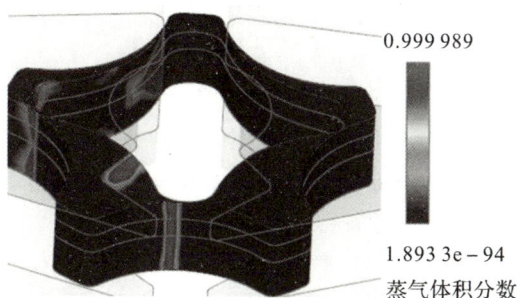

0.999 989

1.893 3e - 94
蒸气体积分数

图 4 - 34　转速 5 000 r/min、80～500 kPa 下的空化($B=12$ mm)

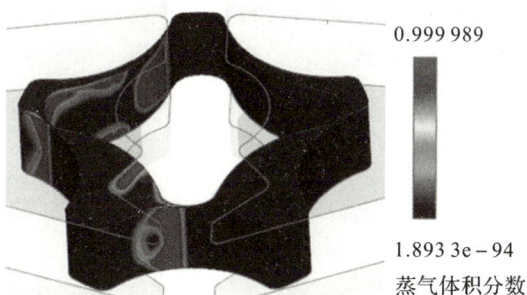

0.999 989

1.893 3e - 94
蒸气体积分数

图 4 - 35　转速 6 000 r/min、80～500 kPa 下的空化($B=12$ mm)

转速升至 7 000 r/min,入口压力为 80 kPa 时,压力幅值高达 180 kPa,流动更加不稳定;随着入口压力降低,这一幅值将继续增大。

转子宽度每增加 2 mm,在研究的工况(入口 80 kPa,转速 3 000～7 000 r/min)下,压力幅值最大可增加 60 kPa。随着入口压力的降低、转速的升高,这一增加量会更大。

因此,从脉动率角度来看,转子宽度为 8 mm 的结构最佳;但从流量最大化的角度出发,转子宽度为 12 mm 的结构最佳,但这也增大了泵的整体体积和重量。

计算研究发现,当转子宽度增加到 12 mm 时,转速过高($\geqslant$6 000 r/min);若进口压力低于 60 kPa,油槽双向深度与转子宽度之比为 10/12 时,转子内部流动将非常不稳定,空化现象及填充损失非常严重,此时可以考虑转子分级。

4.2.6 转子结构参数

关于转子结构参数的介绍详见第 2 章。此处主要讨论转子齿数 z、内外转子偏心距 e、弧径系数 h、创成系数 k 以及创成圆半径 L 等对泵的性能的影响。

1. 齿数

航空泛摆线泵内外转子的齿数差为 1,且一般 z_1 的取值较小。齿数少时,单位体积的排量较大,但流量脉动也同时增大,会引起大的压力脉动。增大齿数可减小泵的流量脉动和压力脉动,但会使泵的体积增大,整个泵的外形尺寸增大。排量和脉动性能二者不可兼得。实际应用中通常取 $z_1 = 3 \sim 8$,流量脉动要求小时,z 取大值,反之则 z 取小值。

研究发现,外转子齿数比内转子的多 1,且取奇数时,流量脉动较为平稳;内转子齿数与摆线泵排量、滑动系数、流量脉动成反比,齿数太少会造成传动效率下降和磨损寿命变短。

泛摆线泵旋转一圈脉动的次数与内转子的齿数相等。图 4-36 为内转子为 4 齿的泛摆线泵 1 个周期内的脉动。

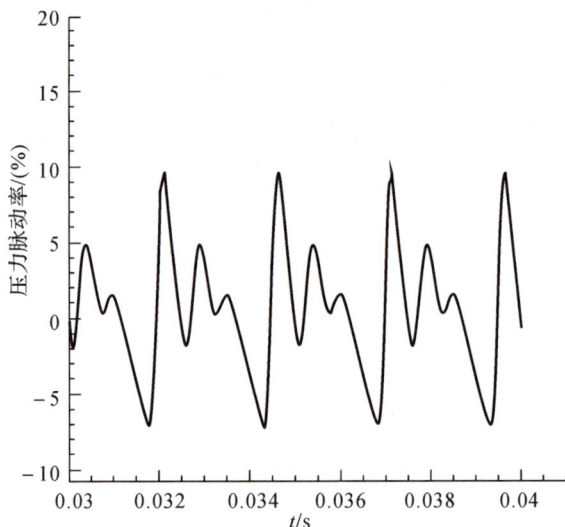

图 4-36 泛摆线泵 1 个周期内的脉动

2. 其余参数(e、h、k、L)的耦合影响

由于航空泛摆线滑油泵较一般泵的转速偏大,因此其偏心距一般不宜过大,一般小于 5 mm。容积腔内液体所受离心增压作用与 e 和内转子转速 n_1 的取值

息息相关,设计高转速转子时,e 的取值应取小些,反之则取大些。

随着外转子齿形圆弧半径 R 的增加,泵的流量脉动增加,流量增加,赫兹接触应力也增加,但滑移速度减小。

e、h、k、L 对泵的影响不能单独考虑,在保证泵的体积不变的情况下,改变其中一个参数,其余参数也会随之改变。这四者之间的计算关系见第 2 章。

在保证泵体积一定(即外转子齿根圆直径一定)的情况下,通过改变偏心距 e、创成系数 k 或者弧径系数 h,来对某单级泵流体域模型进行改型,计算泵在确定工况下的性能。将原始转子模型进行了 3 次改型。下面是原始模型以及三组改型转子的具体参数。

模型 B、模型 C、模型 D 均保持其外转子齿根圆直径 $d_{f2}=56$ mm,与原始模型 A(模型 A)的外转子齿根圆直径相同。在此基础上模型 B 将原始转子的偏心距缩小至 4 mm,由于需保证外转子齿根圆直径不变,因此创成系数 k 也发生变化。模型 C 改变了弧径系数 h,同时创成系数 k 也随之改变。模型 D 改变了创成系数 k,弧径系数 h 也随之发生变化。改型的结构参数见表 4-2。

表 4-2　模型结构参数

模型编号	e/mm	h	k	z_1	R/mm	L/mm	B/mm
模型 A	4.5	0.8	1.644	4	18	37	10
模型 B	4(变)	0.8	1.8(变)	4	16	36	10
模型 C	4.5	0.96(变)	1.804(变)	4	21.6	40.6	10
模型 D	4.5	0.56(变)	1.4(变)	4	12.5	31.5	10

图 4-37 为四种模型的转子齿廓曲线,四种模型外转子齿根圆直径保持相等,可以看出原始模型(模型 A)和模型 C 的齿顶较尖。

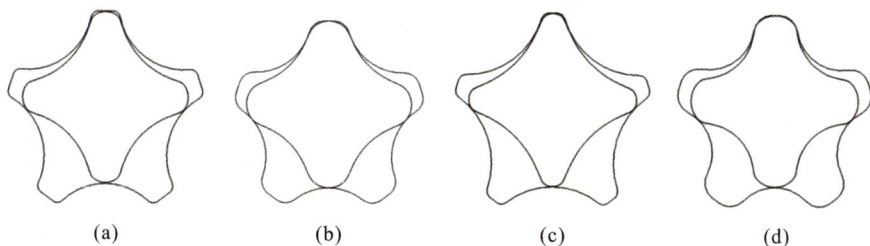

(a)　　　　　　(b)　　　　　　(c)　　　　　　(d)

图 4-37　转子齿廓曲线
(a)模型 A 内外转子齿廓;　(b)模型 B 内外转子齿廓;
(c)模型 C 内外转子齿廓;　(d)模型 D 内外转子齿廓

如图 4-38 所示,从内到外的四个圆分别为摆线(内转子)内切圆、外转子内切圆、摆线(内转子)外切圆、外转子外切圆。为了方便画出转子齿廓曲线,我们给出其他相关的转子参数的计算公式。此处以模型 C 为例说明。

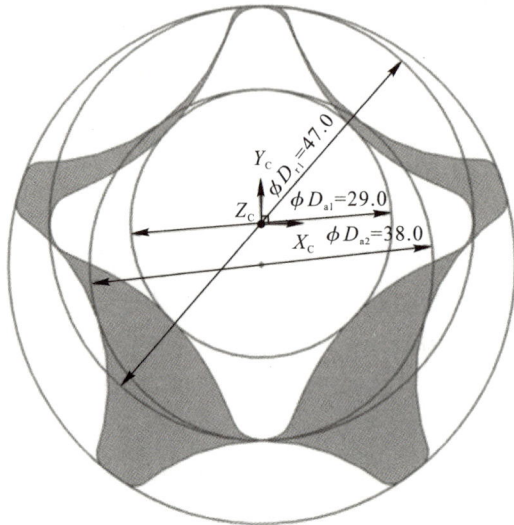

图 4-38   模型 C 相关转子参数示意图

摆线内切圆半径

$$r_{f1} = L - R - e = (40.6 - 21.6 - 4.5) \text{ mm} = 14.5 \text{ mm}, \quad D_{f1} = 29 \text{ mm}$$

摆线外切圆半径

$$r_{a1} = L + e - R = (40.6 + 4.5 - 21.6) \text{ mm} = 23.5 \text{ mm}, \quad D_{a1} = 47 \text{ mm}$$

外转子齿根圆半径

$$r_{f2} = r_{a1} + e = (23.5 + 4.5) \text{ mm} = 28 \text{ mm}, \quad D_{f2} = 56 \text{ mm}$$

外转子齿顶圆半径

$$r_{a2} = L - R = (40.6 - 21.6) \text{ mm} = 19 \text{ mm}, \quad D_{a2} = 38 \text{ mm}$$

从图 4-39~图 4-41 可以看出:

(1)模型 C 和模型 D 在转速为 3 000~7 000 r/min 的范围内均比原始模型的流量要高。模型 B 中将偏心距缩小至 4 mm,同时将创成系数 k 增大至 1.8。根据泛摆线泵的理论排量公式可知,排量与偏心距成正比,如果单单减小偏心距 e,将会导致泵的出口流量应该降低,但是经过计算发现,模型 B 的流量稍大于原始模型(模型 A),说明创成系数 k 的增大能够使泵的排量增大。

(2)模型 D 中 k 的值小于原始模型,h 也小于原始模型。由上述分析可知,若仅仅减小创成系数 k,将会导致泵的流量降低。然而,经过计算发现,模型 D

的流量大于原始模型(模型 A),这表明弧径系数 h 的减小会使排量增大。

(3)模型 B 和模型 D 整体上流量脉动率最小,模型 C 流量脉动最大,原始模型流量脉动居中。大致的流量脉动率比较为:模型 C>模型 A>模型 D>模型 B。单一从弧径系数 h 和创成系数的角度分析,无法推断出其对流量脉动的影响规律。但从表 4-2 中发现,四种模型的齿形圆半径关系为:模型 C>模型 A>模型 B>模型 D。从图 4-37 转子的齿廓曲线也可以发现,模型 C 和模型 A 的齿顶较尖,因此可以推断,在偏心距不变的情况下齿形圆半径越大(即齿形圆半径 R 过大),流量脉动越大。

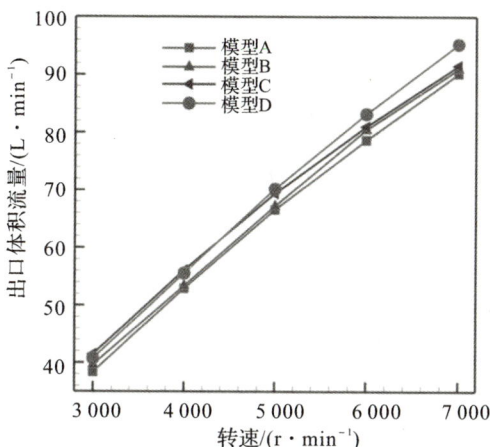

图 4-39 不同转子模型的转速对流量的影响

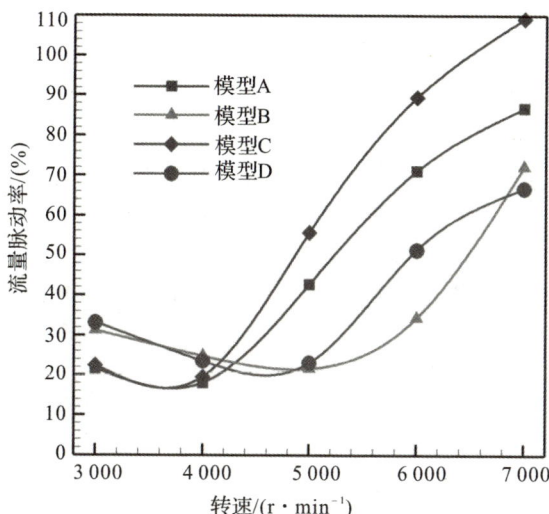

图 4-40 不同模型在不同转速下的流量脉动率

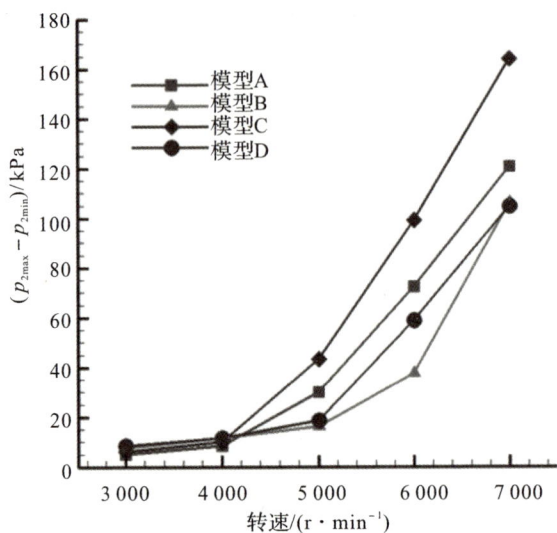

图 4-41　不同转子模型在不同转速下的出口压力幅值

(4)模型 B 的脉动率比模型 D 还小,是因为模型 B 降低了偏心距 e,这将直接导致流量脉动减小。

(5)在保证外转子齿根圆大小相等的情况下,创成系数 k 与流量脉动之间无直接关系,需要结合弧径系数 h 的变化,来判断转子顶部是否过尖,过尖的转子会使流量脉动增大。

4.2.7　啮合间隙

啮合间隙即内外转子啮合处的间隙。如图 4-42 所示,图中箭头表示泄漏流。内外转子间径向齿顶啮合间隙为 0.02~0.15 mm,对于油液黏度低、压力高、低转速的泵应选小值。其啮合间隙一般由加工制造和安装精度保证。

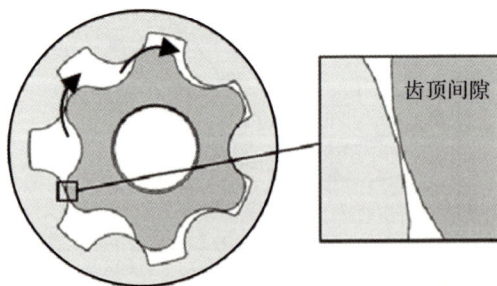

图 4-42　航空泛摆线泵齿顶间隙

间隙过大容易造成泵的内部泄漏,导致容积效率降低。但间隙过小将会导致齿面磨损加剧,传动困难,甚至卡死。

图 4-43～图 4-45 所示分别为某(单级)航空泛摆线泵不同啮合间隙下的流量、容积效率、出口压力幅值曲线。其中,容积效率定义见第 3 章。从图中可以看出:

(1)同一工况下,随着啮合间隙的增大,出口流量降低,容积效率减小。即啮合间隙的增大,导致转子区域流体域内高压区域向低压区域逆流的现象加剧。

(2)间隙从 0 mm 增大至 0.15 mm,流量降低最多的是转速为 3 000 r/min 的工况,最大降幅约为 10%,容积效率最大降幅也约为 10%,且随着转速升高,间隙从 0 mm 增大至 0.15 mm,流量降低量越来越小。这是由于内转子齿顶的旋转方向与滑油从高压向低压区域逆流的方向相反,转子的旋转能够有效削减一部分内泄漏,且转子速度越高,这种削减作用越强。

(3)在低转速(3 000～4 000 r/min)下,泵后压力脉动率随啮合间隙的增大变化不大。当转速不小于 5 000 r/min 时,随着啮合间隙的增大,压力脉动率的变化无明显规律,在啮合间隙为 0 mm 和 0.07 mm 时,压力脉动率最小。过小的啮合间隙将导致齿轮啮合传动困难,磨损严重,径向容易受力不平衡,同时可能造成困油现象。过大的啮合间隙将直接导致滑油从高压区向低压区泄漏,造成容积损失。

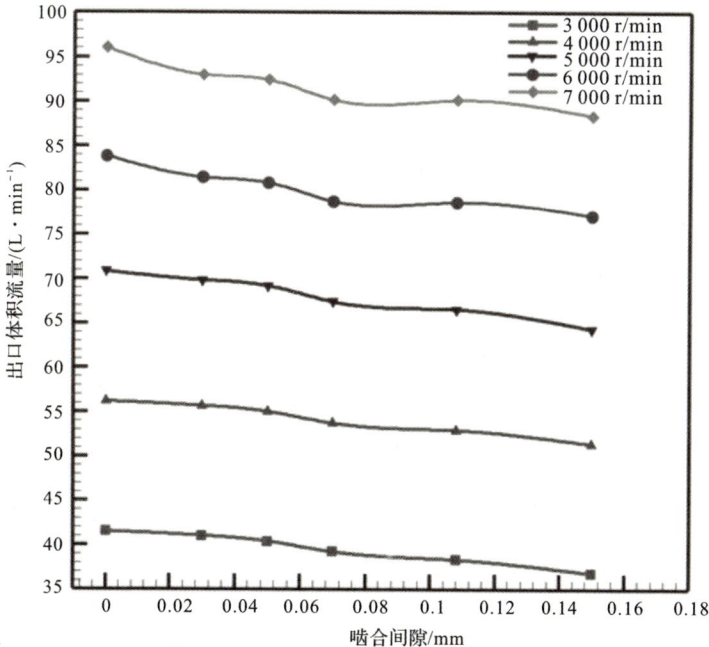

图 4-43 不同转速、不同啮合间隙下的出口流量(出口压力 500 kPa)

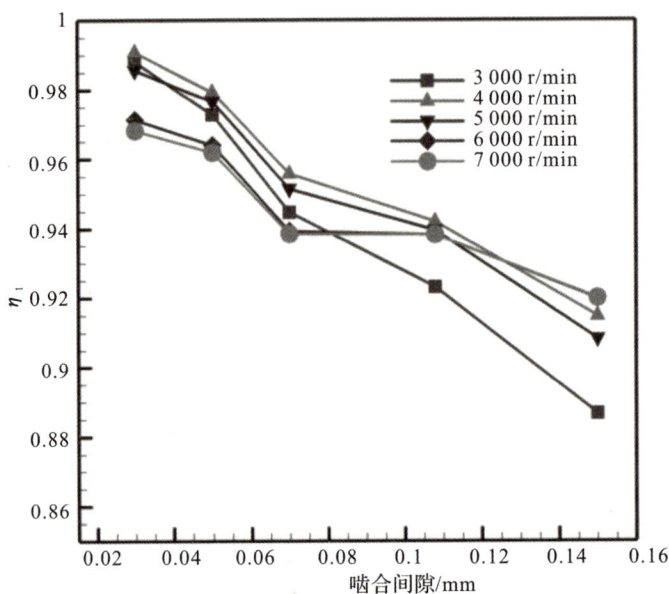

图 4-44 不同转速、不同啮合间隙下的容积效率

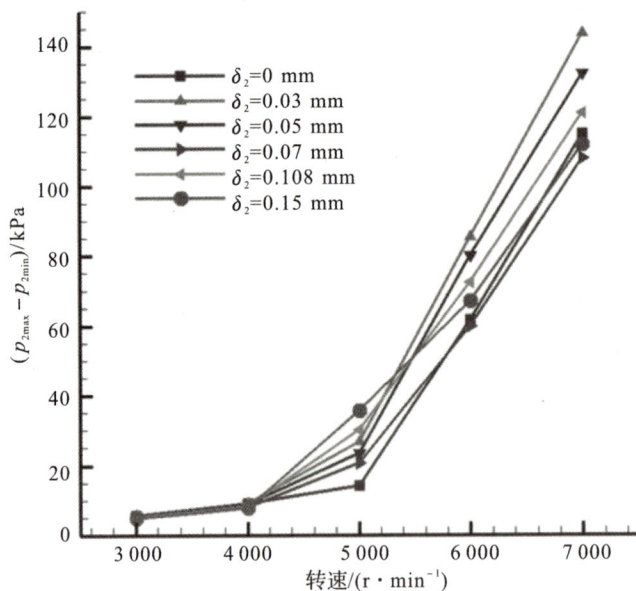

图 4-45 不同啮合间隙、不同转速下的出口压力幅值

（4）出口压力脉动率和压力幅值基本随转速增大而呈抛物线式增长。

(5)从图 4-45 中可以看出,当啮合间隙过小(≤0.05 mm)、转速大于5 000 r/min 时,齿轮泵的密封和高速旋转带来的低压,会导致压力脉动幅值大幅度增大;当转速达到 7 000 r/min 时,出口压力幅值高达 143 kPa。

(6)啮合间隙为 0.07 mm 时,出口压力幅值在研究的转速范围内基本上均保持最小。

4.2.8 端面间隙

泛摆线泵端面间隙的取值范围大概在 0.002~0.15 mm 之间,航空级别的泵对性能要求更高,一般端面间隙的值会更小。该间隙和齿顶啮合间隙是影响泵性能的主要因素,尤以端面间隙影响最大,通过端面间隙的泄漏可占总泄漏量的 75%~80%。其泄漏量与压力的三次方成正比[81]。间隙越大、压力越高,泄漏越多,容积效率也就越低,对黏度较低的柴油泵尤其如此。极小的端面间隙可能造成两接触面间的摩擦,对油液的清洁度要求也将大大提高。同时,端面间隙的大小受加工和装配精度的影响。

泛摆线泵端面间隙指转子端面(轴向方向间隙)与隔板或者壳体间的缝隙,如图 4-46 所示。

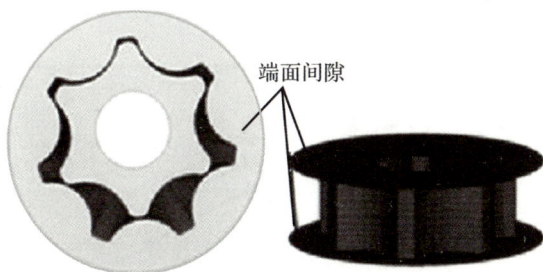

图 4-46 泛摆线泵端面间隙

1. 出口压力 500 kPa 下啮合间隙对泵性能的影响

图 4-47 和 4-48 为某(单级)航空泛摆线泵在不同间隙、不同转速下的流量和容积效率曲线。从图中可以得出以下结论:

(1)同一转速下,当端面间隙为 0~0.05 mm 时,随着端面间隙增大,出口流量基本不变;随着端面间隙增大(超出上述范围),转子区域槽出口的高压向进口的低压区域的内泄漏进一步增加,出口流量逐渐减小。由图 4-49 可以看到,端面间隙内右侧靠近出口的压力明显大于左侧靠近进口的压力,从而造成在端面间隙内油液从高压向低压反向流动的情况,导致内泄漏,使出口流量减小。

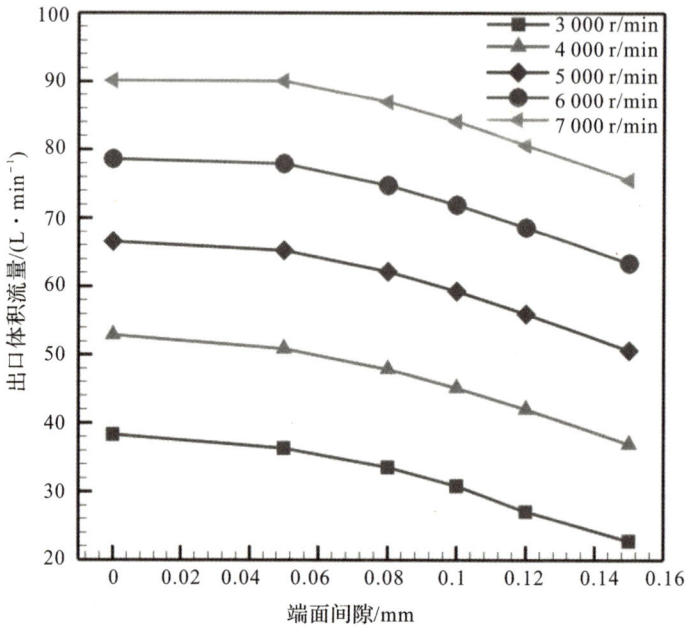

图 4-47　不同转速下端面间隙对出口流量的影响(出口压力 500 kPa)

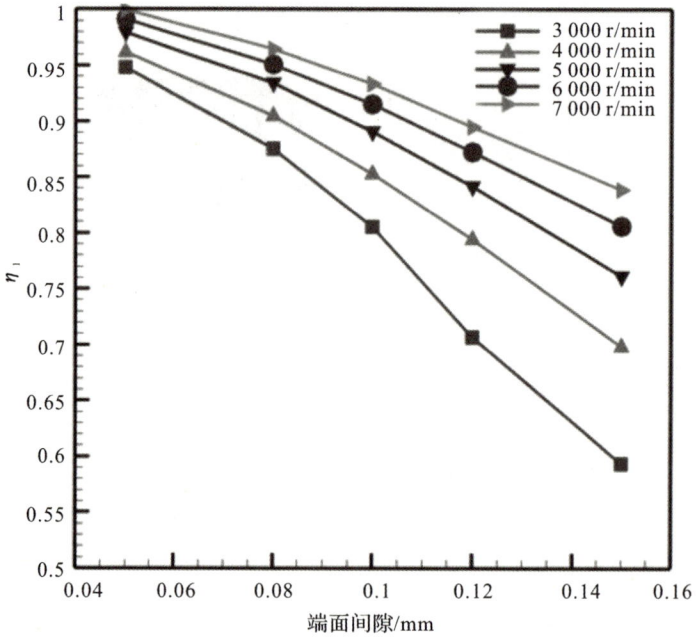

图 4-48　不同转速下端面间隙对容积效率的影响(出口压力 500 kPa)

图 4 - 49   端面间隙内的压力云图

（2）同一转速下，随着端面间隙的增大，内泄漏情况加剧，容积效率也明显降低。

（3）同一端面间隙下，转速越高，容积效率也越高，且随着端面间隙的增大，低转速（3 000 r/min）和高转速（7 000 r/min）下的容积效率差值也在持续拉大。这是因为转速的升高有助于减弱泵内转子区域高压向低压区域回流的动力，一定程度上降低了端面间隙内滑油的压力梯度。也就是说，转速的提高有利于容积效率的提高。

（4）经研究计算发现，压力脉动率及出口压力幅值随端面间隙增大而减小，如图 4 - 50 所示。这一效应随着转速的升高会更加明显。这是由于端面间隙的增大，使油液的流动空间增大，能够有效地吸收压力脉动。当转速为 7 000 r/min 时，端面间隙每增加 0.01 mm，出口压力幅值平均升高 4.9 kPa。

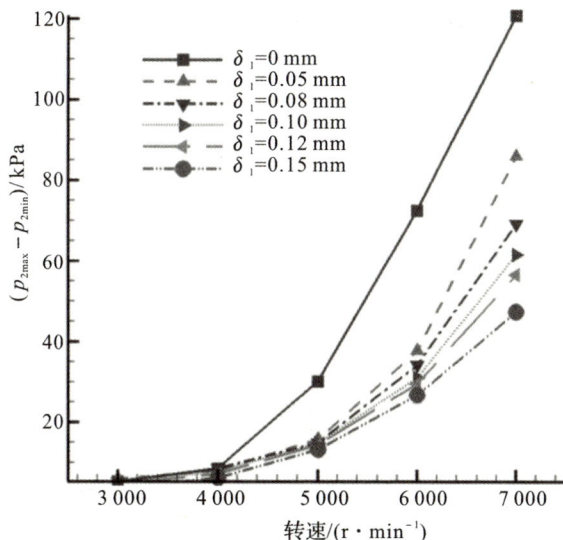

图 4 - 50   不同转速下端面间隙对出口压力幅值的影响（出口压力 500 kPa）

2. 出口压力 800 kPa 下的啮合间隙对泵性能的影响

对比图 4-47 和图 4-51,以及图 4-48 和图 4-52,可以发现,出口压力的增大,导致出口体积流量降低,即在同样的端面间隙下,出口压力越大,泵的流量越小,泵的容积效率越低。

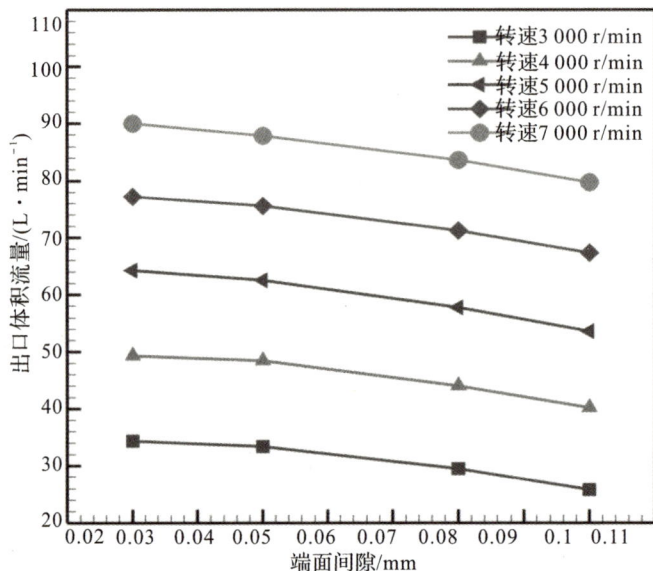

图 4-51　不同转速下端面间隙对出口流量的影响(出口压力 800 kPa)

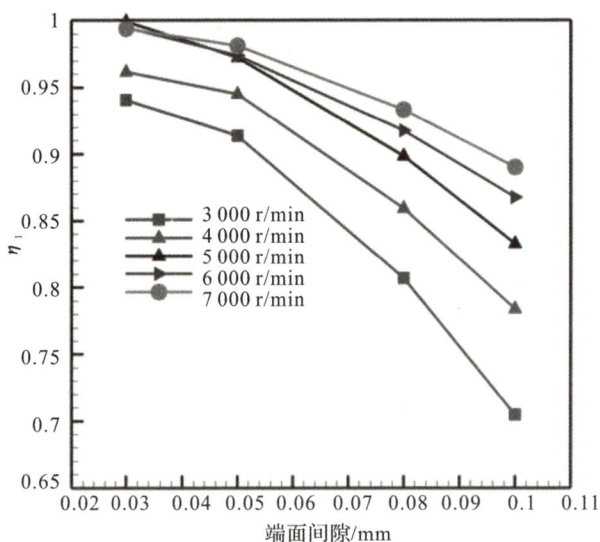

图 4-52　不同转速下端面间隙对容积效率的影响(出口压力 800 kPa)

表 4 - 3 给出了某(单级)航空泛摆线泵不同出口压力下的出口压力幅值,可以看出,出口压力从 500 kPa 升高到 800 kPa,对出口的压力幅值影响不大。

表 4 - 3 不同转速、不同出口压力下的压力幅值(端面间隙 0.1mm)

出口压力/kPa	转速/(r·min⁻¹)				
	3 000	4 000	5 000	6 000	7 000
500	4.915	8.004	14.745	31.079	61.649
800	5.023	8.483	21.079	31.878	61.826

4.2.9 级数

航空泛摆线泵的级数越多,则泵的体积越大,结构也越复杂,同时泵的供油能力越强;级数越少,对于一定的供油需求,需要更大的转子宽度、更高的转速、更大的径向尺寸来满足,虽然结构上更为简单,但同时会存在更大的安全隐患,如较大的径向不平衡力、高转速带来的运转安全问题、严重的空化和气蚀问题等。

航空泛摆线泵的流量和瞬时流量与偏心距 e 和转子宽度 B 成正比,而转子宽度 B 的值不宜取过大,通常为 12 mm 以内。因此,为了保证充分供油,采用多级供油的方式,且各级共用一个进油口和一个出油口。假设各级泵的流量脉动、压力脉动均是叠加的,则只要使各对转子压力脉动波峰错开,即可减小脉动。

图 4 - 53(a)为两级转子泵的流体域,其中上下两级内转子初始相位角均为 0°;图 4 - 53(b)~(d)分别为内转子旋转 15°、30°、45°后的流体域。两对转子拥有相同的结构参数。

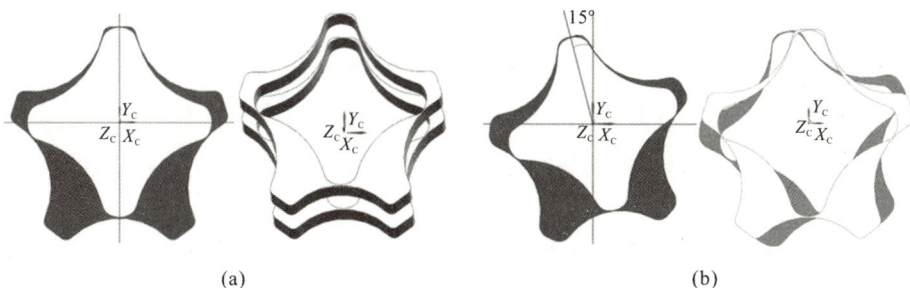

图 4 - 53 错相位后的两级转子的流体域
(a)原始单级和两级转子流体域; (b)转子 2 旋转 15°后流体域

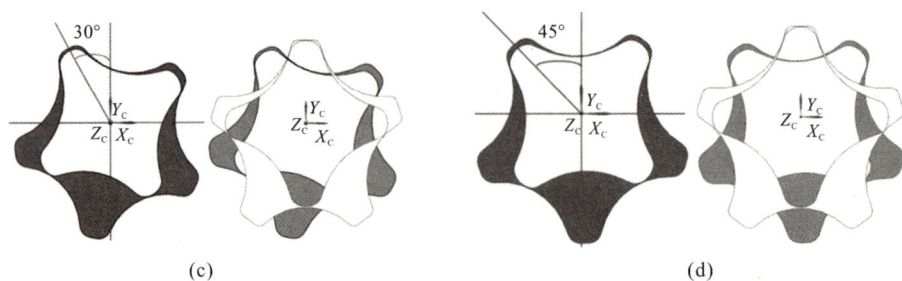

续图 4-53　错相位后的两级转子的流体域

(c)转子 2 旋转 30°后流体域；　(d)转子 2 旋转 45°后流体域

　　表 4-4 为两级转子错开不同初始相位后计算得到的流量。两级泵两级转子初始旋转相位角错开角度，泵出口流量不变，且可以有效降低流量脉动。对于内转子为 4 齿的航空泛摆线泵，两级转子初始相位角错开 45°时，泵出口流量脉动最小，流量脉动值相比原始模型(两级转子初始相位角错开 0°)的流量脉动下降了约 35.37%。

表 4-4　原始泵-错相位布置泵流量对比(6 000 r/min)

泵结构	参数			
	出口时均流量/ $(\text{L} \cdot \text{min}^{-1})$	最大体积流量/ $(\text{L} \cdot \text{min}^{-1})$	最小体积流量/ $(\text{L} \cdot \text{min}^{-1})$	流量脉动率/ (%)
内转子初始相位 0°	162.09	191.33	121.41	43.14
内转子初始相位 15°	162.395	186.63	127.88	36.18
内转子初始相位 30°	162.415	189.38	137.59	31.89
内转子初始相位 45°	162.057	186.18	141.00	27.88
下降/上升百分比	0%	——	——	35.37

　　图 4-54 为错相位两级转子泵出口瞬时流量脉动对比，图 4-54(a)～(d)纵坐标的值的范围一致，方便直观对比四种情况下流量脉动的大小。可以看出，两级转子错开相位角 45°时，流量脉动最低。

　　随着两级转子初始相位角从 0°提高到 45°，泵出口的最大瞬时流量降低，最小瞬时流量升高，整体流量幅值在缩小。

　　由于齿轮自身结构、工况、空化及填充损失等的影响，航空泛摆线泵出口的流量脉动并不完全与正弦波类似。在转速较高的情况下，可能会出现内转子转过一个齿时,在局部出现多个流量极值。因此,两级转子初始旋转的相位角错开后的流量脉动不能由单级泵的压力脉动进行简单的叠加得到,但总的来说,采用错开初始相位角的方法来降低两级或者多级泵出口流量脉动的方法是可行的。错开的角度为内转子 $360°/(2×齿数)$。

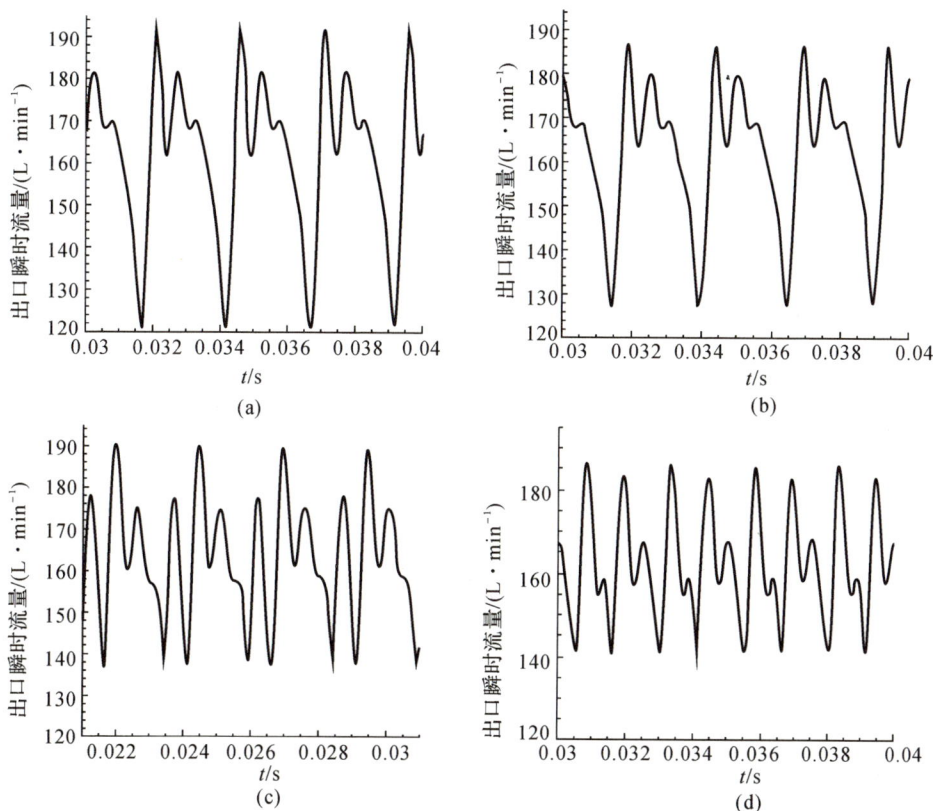

图 4-54 泵出口瞬时流量(6 000 r/min)

(a)两级转子同相位; (b)两级转子错15°; (c)两级转子错30°; (d)两级转子错45°

两级泵错开初始相位角后压力脉动的变化规律与流量脉动率变化规律相同,此处不赘述。

▶ 4.3 本章小结

本章主要讨论了航空泛摆线泵的物理工况(包括进口压力、出口压力、转速、温度等),以及泵的结构工况[包括进油方式、油槽的结构、泵的进口面积、转子宽度、转子结构设计参数(齿数、弧径系数、创成系数、齿形圆半径)、泵的间隙、级数等]对泵性能的影响。本章的分析将为第 6 章航空泛摆线泵的设计提供一定的参考。

　　航空泛摆线泵的性能受多个因素的共同影响,本章探讨单因素变化对泵性能的影响,有助于预估和综合分析多因素影响条件下泵的性能。

第 5 章　航空泛摆线泵的气蚀现象研究

影响航空泛摆线泵的性能的因素除第 4 章讨论的之外,还包括泵的空化和气蚀情况。空化和气蚀情况的发生会导致泵的性能下降,如出口供油流量降低、泵的内部结构表面遭到破坏、发生振动和噪声等。目前关于泵内空化发生的机理研究主要集中在叶片泵上,对于航空泛摆线齿轮泵内的空化研究还没有一套完整的理论支撑。而无论是哪种类型的泵,其空化和气蚀的发生机理都非常复杂,诱导因素有很多,最重要的是工作介质——油液的含气量,其次还有油液的物性、泵的结构、流动情况、压力、空化核的数量及分布情况、材料种类等。

本章以航空泛摆线滑油泵为例,从工程计算角度出发,着重研究不同物理工况下油液中含气量对泵性能的影响。早期计算泵内滑油的流动,都是按照纯油流动来计算的,也就是按照单相流处理,然后通过经验公式的修正来得到滑油和气体共同作用下的混合流动结果,这样无法反映滑油泵内真实的流动情况。实际的滑油泵在工作状态下,泵内流体是空气、滑油蒸气以及液体滑油三者的混合流体,其内部是气相和液相两相混合相互作用下的流动,因此我们需要建立更符合真实情况的模型来计算其内部真实的流动。本章基于空化和气蚀理论给出计算和预测空化的计算模型,同时研究转速(5 000~6 500 r/min)、进口压力(60~100 kPa)、油液中空气的质量分数(0~18%)、入口面积等四种因素的不同组合对泵空化、气蚀及泵流量性能的影响,试图找出泵内发生空化或者气蚀的临界条件。本章所有的工况范围均根据泵的真实额定工况进行扩展得到。

▶ 5.1　空化与气蚀

5.1.1　空化

人们对于空化的认识和了解,到今天为止也只有一百多年的时间。1897年,英国人 Barnaby 等人在研究船舶螺旋桨推进效率严重下降问题的过程中,参考了 Reynolds 在 1873 年提出的"当螺旋桨上压力降低到真空时,吸入空气"的分析,参照了 Froude 在 1887 年研究中曾用过的"Cavitation"一词,将击穿螺旋桨桨叶的这种水动力学现象定义为空化（Cavitation），这是"空化"这个概念第一次被提出。

国内外的学者始终致力于空化发生机理的研究。1970 年，由 Knapp[82] 提出的"空化核理论"被大多数学者接受，该理论指出，在均质液体的内部要发生空化，首先必须使液体发生"断裂"，扯断液体所需的力当然不是以蒸气压力来度量的，而是应该以该温度下液体的抗拉强度来度量。

在自然界中，液体几乎无法承受拉力的作用。原因在于，与纯净液体不同，在真实液体中必定存在着某些薄弱环节，这些薄弱环节就是液体中存在的那些细微的气泡。正是这些薄弱环节使真实液体不能抵抗任何张力，当液体的压力降低到某一定值时，相变首先在这些薄弱环节处发生，也就是说首先在这些薄弱环节处发生空化，这些薄弱环节称为"空化核"。其中，空化核、低压、低压作用时间是空化发生的三要素。在空化发生的先决条件中，空化三要素同样重要，空化的发生是它们三者共同作用的结果。图 5-1 非常清晰地表示出了空化初生与三要素的关系[83]。

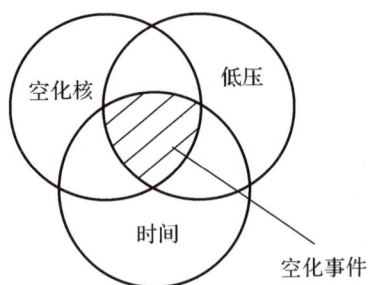

图 5-1　空化初生三要素

介质的液态和气态是可以相互转化的，不同温度和压力下会呈现出不同的状态。在一定温度下，介质开始汽化的临界压力称为汽化压力，当压力降低到该温度的汽化压力时，流体中的部分液体分子就转变成气体分子；同时当流体压力低于空气分离压时，介质中溶解的其他气体成分（例如：空气）也会大量逸出。此两种过程统一称为"空化"。目前针对叶片泵的空化研究非常多，但仍无法给出空化发生的准确的临界条件。对于齿轮泵内的空化现象的理论研究则很少见到。实际上当流体中的压力低于汽化压力 p_v 时，汽化并不一定发生。由于影响空化的因素非常之多，空化实际发生过程与上述假说会有偏差，但使用上述假说作为空化的准则还是很方便的。该假说事实上提供了一种大致的基准。

从多相流的角度来看，空化是单组分气液两相相变的动态过程。空化的速率取决于流体中存在的气化核子，也依赖于流体的温度、压力、速度和物性等。

比如,当液体在管道或流道中流动时,沿程阻力和局部阻力较大、流体速度较大或液体温度较高等都可以促使液体达到饱和状态甚至达到过热状态,此时部分液体汽化或者溶解于其中的不可凝性气体挥发,从而发生空化现象。

根据空化发生的前提条件和流动形式,可以将空化大致分为游离(或移动)空化、固定(或附着)空化、漩涡空化和振动空化四种[84]。

(1)游离(或移动)空化。

游离(或移动)空化是在流动的液体中形成的,发生这种空化时,可以产生沿着液体流动方向运动的空泡,并且当这些空泡流动到液体中压力比较高的位置时,会在压力的作用下发生生长到溃灭的一系列过程。这种类型的空化主要产生于过流部件壁面的低压区。

(2)固定(或附着)空化。

固定(或附着)空化是指当空化发生到一定程度以后,达到的一种相对稳定的状态,这时产生的空泡会附着在一些固体表面,因此得名固定空化。由于不同的液体具有不同的流动特性,所以固定空化也会表现出不一样的形式。

(3)漩涡空化。

在泵的过流部件中,由于某些部位会存在一些较高的剪切力,所以就会产生一些液体漩涡,而漩涡中心的压力比较低,当该压力低于液体的临界压力时就会产生漩涡空化。漩涡空化是最先发现的几种空化之一,与普通的游离空化相比较,漩涡空化存在的时间更久。这是因为,当漩涡产生后,即便液体进入压力较高的区域,也会因为角动量的关系,延长空泡的溃灭时间。该空化经常出现在船舶螺旋桨翼端、水工建筑物的平板闸门槽等地方。

(4)振动空化。

振动空化是指当液体本身无流动或者流速很慢时,与液体接触的物体振动会使液体受到连续的压力脉动,在这些高频压力波的振幅逐渐增大的过程中,液体压力逐渐减小,当液体压力减小到其饱和蒸气压时,就会产生振动空化。在其他几类空化中,一个液体单元仅会通过空化区域一次,而振动空化由于液体自身几乎无流动的特点,会经受多次空化循环。振动空化的特点是高频率,所以这种空化一般不会在水力机械中产生。

齿轮泵由于内部为旋转部件,其内部流动可能会产生空穴、旋涡,同时也会有部分气泡附着于固体表面,因此航空泛摆线泵内部产生的空化主要包括游离空化、固定空化和旋涡空化。

5.1.2 气蚀

在航空泛摆线滑油泵的高速运转过程中,输送的滑油高速流动时流到泵的某些区域(例如齿轮泵的吸油腔和两齿分离区域),当滑油的绝对压力下降到当时温度下的汽化压力时,滑油便开始在该处汽化,同时当滑油压力降低到空气分离压以下时,滑油中含有的空气将会大量逸出,汽化滑油和析出的空气产生的气泡与滑油共同作用形成气液混合状态,随着滑油泵转子驱动,共同流至某高压区时,气泡周围的高压滑油会使气泡快速地缩小直至破裂。在气泡破裂的同时,周围的滑油会快速地向气泡中心挤压并碰撞,产生强烈的水锤效应。水锤效应瞬间可达到十几兆帕甚至是几百兆帕的压力,并且频率高达2万多次每分钟,不间断地打击在过流部件的金属表面上,形成机械剥蚀。经过一定时间,金属外表会呈现出许多麻点和海绵状的凹坑,其形状无规则,这种现象被称为气蚀。

当航空泛摆线滑油泵发生气蚀时,除了会对过流部件产生破坏作用,还会造成滑油和气泡流动紊乱,高频次冲击会使泵内产生噪声,同时增大泵的振动,并导致泵性能下降,情况严重时会使泵中液体中断而不能正常工作。在许多实际环境中,噪声非常重要,不仅因为噪声会导致振动,而且噪声表明了空化的存在以及发生气蚀的可能性及严重程度。事实上,空化噪声强度经常被用作最原始的手段来测量空化的侵蚀速度。

图5-2为某航空泛摆线滑油泵配流盘,图中画圈位置出现了严重气蚀,配流盘表面出现了明显的凹坑。图5-3为某多级航空泛摆线滑油泵两级齿轮间的挡板,画圈位置有较明显的气蚀损伤。

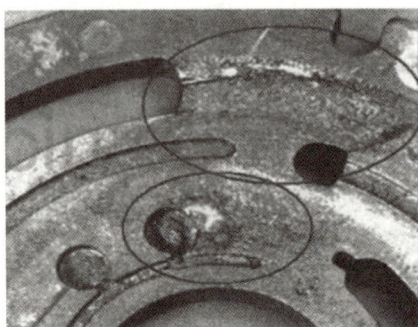

图5-2　配流盘气蚀位置　　　　　　图5-3　挡板气蚀位置

气蚀现象是否发生及发生的严重程度不仅与物理工况、结构、介质物性等有关,在很大程度上也与固体边界的材料对反复冲击载荷的反应有关。图5-4几种材料试样在静止液体中进行高频振动(约20 kHz),使静止液体内部产生空化,在有规律的时间间隔内测量材料试样的质量,从而确定材料的损失[85]。从图5-4中的数据可以看出,相对侵蚀速度与材料的结构强度有关,而且随时间的变化侵蚀速度不是常数,这是由于空泡破裂对光滑的表面和对已经破坏过的

粗糙表面的侵蚀作用不一样。最后应该说明的是,材料的侵蚀是在一定的潜伏时间后才发生的。

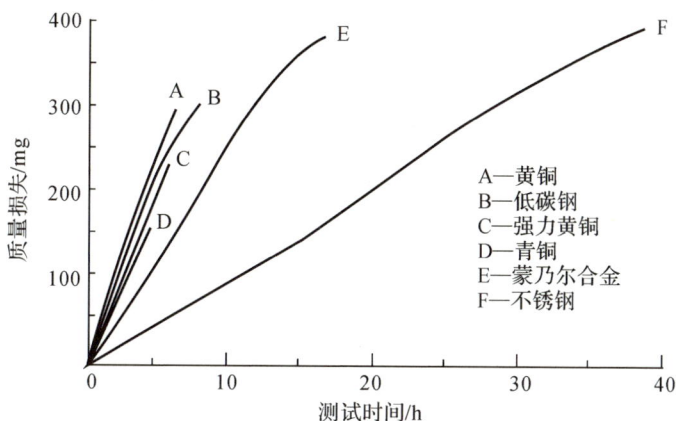

图 5-4 气蚀质量损失与时间的关系

5.1.3 空化与气蚀的关系

空化是导致气蚀现象发生的一个重要因素和前提。在高速流动的液体中,空化产生的气泡或气核在压力变化下可能沉积或爆裂,形成气蚀,对金属表面造成腐蚀破坏。因此,空化和气蚀是流体动力学中相互关联且密不可分的两个过程。但空化现象的发生不一定会导致气蚀,必须有气泡在固体表面附近发生多次破裂,经过长时间积累才能造成气蚀现象。

5.1.4 航空泛摆线滑油泵防止气蚀产生的设计思路和方法

要使泵不发生气蚀,泵吸入口处必须有尽可能高于输送介质当时温度的汽化压力的能量。因此需要尽量提高泵进口的压力。在泵体的外部提高泵进口的压力具体可采用以下方法:

(1)在航空泛摆线滑油泵使用现场,要求油箱的流体流速度平缓,油池中不能有较大的漩涡(如有漩涡需要加破涡板)。及时清理滤网等流阻元件上的杂质沉淀,使油液流动平稳通畅。

(2)尽可能地增大泵吸入管的直径,进口管道尽量短且光滑,减少吸入管路弯头、管路阀门,尽量减小入口管路长度 L,减少压力损失,最大程度地保证入口介质平稳流动,避免管道内产生漩涡和逆流。

(3)安装滑油泵时,降低滑油泵的安装高度,通过提高吸液面的位置或降低齿轮泵的安装位置来实现;必要时采用倒灌方式,这种方法虽然会增加一部分的安装成本,但是操作方便适用,是首推的方法之一。

(4)安装前置泵是一个提高装置气蚀余量的好办法,在滑油泵前端装升压前置泵,增加了滑油泵的吸入压力,而入口压力的提高可有效地提高齿轮泵的抗气蚀性。

从泵本身出发,可以采取的措施大致如下:

(1)降低泵的转速。大量文献均显示,转速增大会导致泵的空化和气蚀程度增大,泵的转速降低,介质的流速也下降了,这样可以减少泵气蚀现象的发生。

(2)为防止滑油泵气蚀的发生,泵选型时优先采用抗气蚀较好的材料,来延长离心泵的运行周期。选择一些具有高强度、高韧性及较强抗机械剥蚀能力的材料。试验证明,不同材料抗气蚀性能有很大差别,比如不锈钢材质的叶轮比铸钢材质的叶轮更加抗气蚀,超低碳铬镍合金钢的叶轮比低碳铬镍合金钢抗气蚀好。

(3)通过提高齿轮转子和过流部件的加工精度,使过流部件表面尽量光滑,水力损失减小,抗气蚀性能就更好,就可以避免气蚀现象的发生。

(4)在滑油泵的流量和转速确定后,就要考虑泵的内部结构及入口面积、形状等对泵内空化和气蚀产生的影响,针对不同结构的泵需要具体分析。整体来说,即泵内部通道面积、形状的变化越平缓,气蚀的程度就会越轻。

5.2 航空泛摆线泵内部空化计算的数值理论

5.2.1 球形空泡模型

现有的广泛应用于空化模型的理论模型主要有两种:一种是球形空泡模型,这种模型适用于空泡空化的形成,即空化核在低压区成长为可见尺寸,然后在高压区破裂。详细的理论方法参阅文献 Knapp(1958)[82],Plesset(1974)[68]等。另一种方法是自由流线理论,其特别适用于含有附着空化或者充满蒸气的尾迹的流动。实际上所有的球形空泡模型都是建立在 Rayleigh - Plesset 方程基础上的。该方程定义了球形空泡的半径 $R(t)$ 与空泡外部压力 $p(t)$ 之间的关系。对于静止不可压缩牛顿流体,Rayleigh - Plesset 方程形式如下:

$$\Re_B \frac{D^2 \Re_B}{D^2 t} + \frac{3}{2} \left(\frac{D\Re_B}{Dt}\right)^2 = \left(\frac{p_B - p}{\rho_1}\right) - \frac{4\nu_1}{\Re_B}\dot{\Re}_B - \frac{2S}{\rho_1 \Re_B} \qquad (5-1)$$

此公式的物理量符号含义详见 3.4.2 节。

5.2.2 全空化模型

本书数值仿真计算采用的全空化模型详见 3.4.2 节,其考虑了气相和液相之间的相互作用,以及两相之间的相变过程。其中气相由滑油蒸气和空气组成,液相为液态滑油。在相变过程中,流动的低压区域会出现非常大的密度变化,这些区域很容易发生蒸气气泡的生成、不可凝结气体的析出及其运输,以及压力和速度的湍流波动。对于航空泛摆线滑油泵,其工作介质滑油内的不可凝结气体一般指空气。

在大量的仿真模拟之前我们已经做了真实情况与该模型仿真预测的泵的空化和气蚀性能对比,发现仿真预测的气蚀位置和真实情况下泵内发生气蚀的位置基本相同。本章后续几节关于航空泛摆线泵的空化性能仿真均采用此全空化模型。

5.3 影响泵空化性能和气蚀性能的参数研究

本节主要研究转速、进口压力、含气量以及入口面积对泵的空化性能和气蚀性能的影响。在几个影响因素的叠加下,泵内的流动现象将更加难以预测。本节的计算研究通过统计气蚀分布的方法,讨论上述几种工况因素叠加情况对泵空化和气蚀性能的影响,试图找出不同工况组合下泵的临界空化发生条件。

5.3.1 不同转速下进口压力对空化和气蚀的影响

图 5-5 为某航空泛摆线滑油泵供油级两级转子采用全空化模型计算得到的泵的流量曲线。

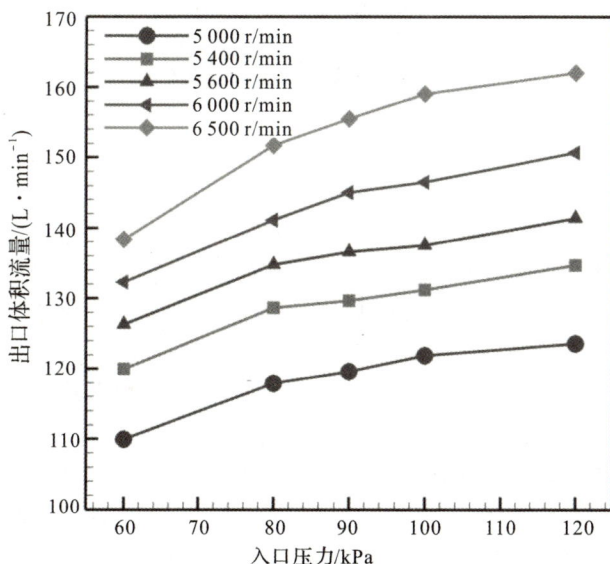

图 5-5 入口压力、转速与泵出口体积流量的关系

其中入口压力变化范围为 $60 \sim 120 \ kPa$，转速变化范围为 $5\,000 \sim 6\,500 \ r/min$。本小节研究的含气的质量分数 g_f（滑油内杂质气体指空气）为 1×10^{-4}，根据滑油密度及空气密度可换算得到含气量约为 9%。一般油液的含气量远大于水的含气率，水的含气量一般小于 3%，而油液的含气量一般不高于 10%。对于供油级泵内油液，其含气量不高。此处滑油的饱和蒸气压设置为 $20\,000 \ Pa$。

从图 5-5 中可以看出，当油液中含有较多空气时，随着入口压力的降低，泵的出口流量明显降低。与第 4 章展示的纯油流动下的入口压力对泵流量的影响相比，其对流量的削减效果更为明显。

经过分析查看大量计算结果发现，气蚀出现的位置基本如图 5-6 中的几个位置所示。为了方便描述，后续描述气蚀的位置时直接使用图中所示序号。

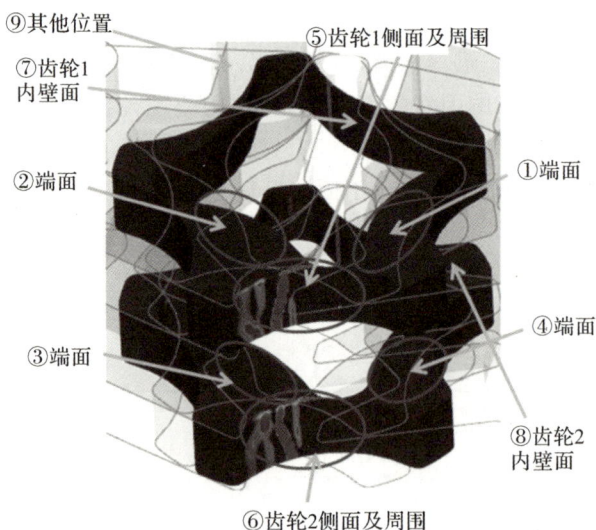

图 5-6 气蚀可能出现的位置标记

经过观察动态云图（即齿轮旋转一圈的气蚀云图），总结整理得到不同转速、不同入口压力下的气蚀分布，具体见表 5-1。可以看出当含气量为 1×10^{-4} 时，进口压力在 $60 \sim 120 \ kPa$、转速在 $5\,000 \sim 6\,500 \ r/min$ 内变化时，均有气蚀出现。但具体工况对应的气蚀位置不尽相同。从表 5-1 中大致可以看出，随着进口压力的减小、转速的增大，气蚀的分布区域更大，也更严重。表 5-1 中加下画线的都是大面积严重气蚀区域。通过观察动态云图可知，区域①⑦（齿轮端面及内壁面）为大面积气蚀严重区域（两个区域同时出现），区域⑤⑥（两齿啮合区域）为常见气蚀区域，绝大多数工况在此区域都可能会出现气蚀。在这里需要注意的是，气蚀的临界值 $5 \times 10^8 \ W$ 仅仅是预测气蚀可能发生的一个能量指标，也就是说气蚀云图中的紫色区域(即画圈区域)仅仅是可能发生气蚀的位置,具体位置是否真的发生气蚀还和金属表面的材料强度及表面处理方式有关。后续对此不再赘述,统一将潜在的可能发生的气蚀区域表述为气蚀区域。区域⑤⑥处于内外齿轮的表面,虽然在此处 Damage Power(毁伤能量)的值大于 5×10^8 W,但齿轮的表面一般强度都较高,且都经过了表面材料强化处理,因此在位置⑤⑥不一定会发生气蚀。但位置①⑦为两齿啮合的流体域端面,对应的是固体域挡板的壁面,发生气蚀的可能性更大。

表 5 - 1 不同入口压力、不同转速下的气蚀分布

进口压力 kPa	转速/(r·min⁻¹)				
	5 000	5 400	5 600	6 000	6 500
60	⑤⑥	⑤⑥	①⑤⑧	④⑤⑥⑦⑧	⑤⑥⑧
80	⑤⑥	⑤⑥	⑤⑥	①⑤⑥⑦	①②④⑤⑥⑦
90	⑤⑥	⑤⑥	⑤⑥	⑤⑥	①⑤⑥⑦⑧
100	⑤⑥	⑤⑥	⑤⑥	⑤⑥⑦⑧	②⑤⑥
120	⑤⑥	⑤⑥	⑤⑥	⑤⑥	⑤⑥⑦

1. 转速一定(5 000 r/min)、$g_f = 1 \times 10^{-4}$ 时不同入口压力下的空化和气蚀对比

在此需注意的是,图 5 - 7 中的气体体积分数 $\varphi = \varphi_v + \varphi_a$,$\varphi_v$ 为滑油自身蒸发产生的气体的体积分数,φ_a 为析出的空气的体积分数。

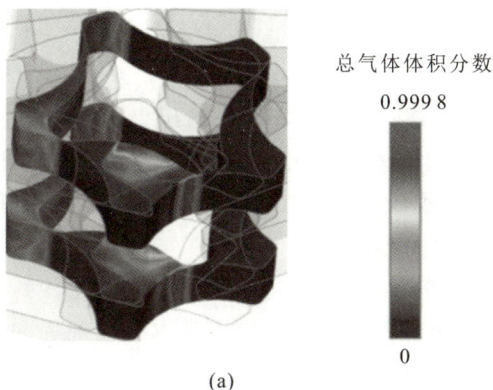

总气体体积分数

0.999 8

0

(a)

图 5 - 7 转速 5 000 r/min、不同入口压力下的空化分布(齿轮角度:-22.5°)

(a)入口压力 60 kPa

(b)　　　　　　　　　　　　(c)

(d)　　　　　　　　　　　　(e)

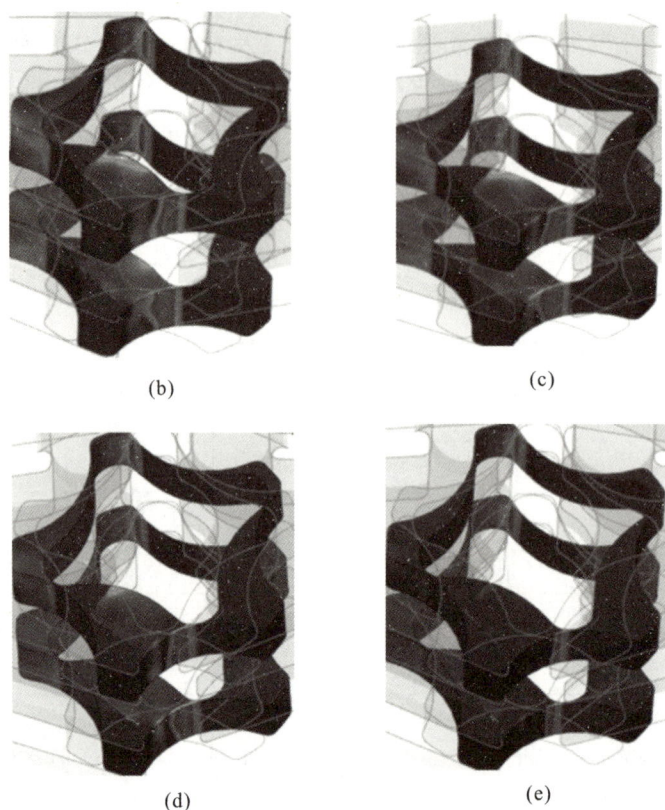

续图 5 - 7　转速 5 000 r/min、不同入口压力下的空化分布（齿轮角度：-22.5°）
(b)入口压力 80 kPa；　(c)入口压力 90 kPa；
(d)入口压力 100 kPa；　(e)入口压力 120 kPa

　　图 5 - 7 为转速为 5 000 r/min、不同入口压力下的空化分布（总气体体积分数分布云图），可以看出，气体基本出现在齿轮泵的吸油区域，即两齿的分离区域，可以知道，总气体体积分数随着入口压力增大逐渐减小，即空化现象随着入口压力增大逐渐减弱。

　　图 5 - 8 为转速 5 000 r/min、不同入口压力下齿轮转到同一位置时的气蚀分布。由图可以看出，可能发生气蚀的位置基本在吸油腔和压油腔之间的分隔处，也是两齿的啮合处（图中画圈处）。对比图 5 - 8 各分图可以发现，随着入口压力增大，气蚀程度和位置基本不变。

　　通过分析图 5 - 7 和图 5 - 8 可知，当入口压力为 5 000 r/min 时，随着入口压力增大，滑油自身的蒸发量明显减小，空化程度有所减弱，但气蚀无明显变化。

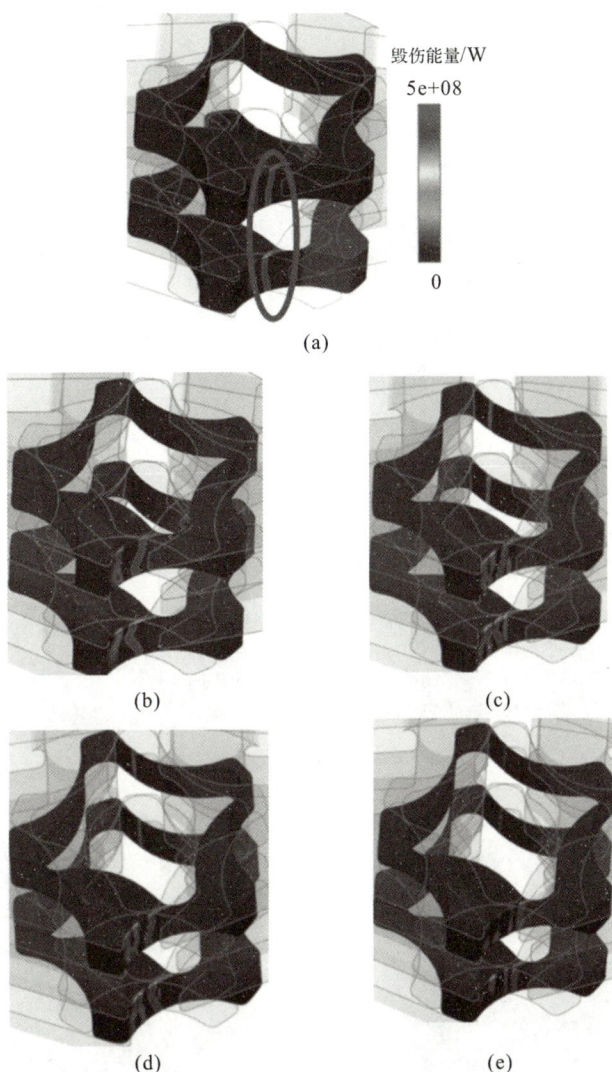

图 5-8　转速 5 000 r/min、不同入口压力下的气蚀分布(齿轮角度:-22.5°)
(a)入口压力 60 kPa;　(b)入口压力 80 kPa;　(c)入口压力 90 kPa;
(d)入口压力 100 kPa;　(e)入口压力 120 kPa

2. 同一入口压力、不同转速下的空化和气蚀

(1)入口压力为 60 kPa、$g_f = 10^{-4}$ 时,不同转速下的空化和气蚀对比。

由图 5-9 可以发现,空化产生的位置仍然为吸油区域的开始段,对比各分图可以发现,同一入口压力(60 kPa)下,转速的增大会导致吸油区域齿轮分离频率更大,形成更明显的负压,从而使更多空气和蒸气出现和聚集,也使得进口流速增大,导致空化现象加剧。

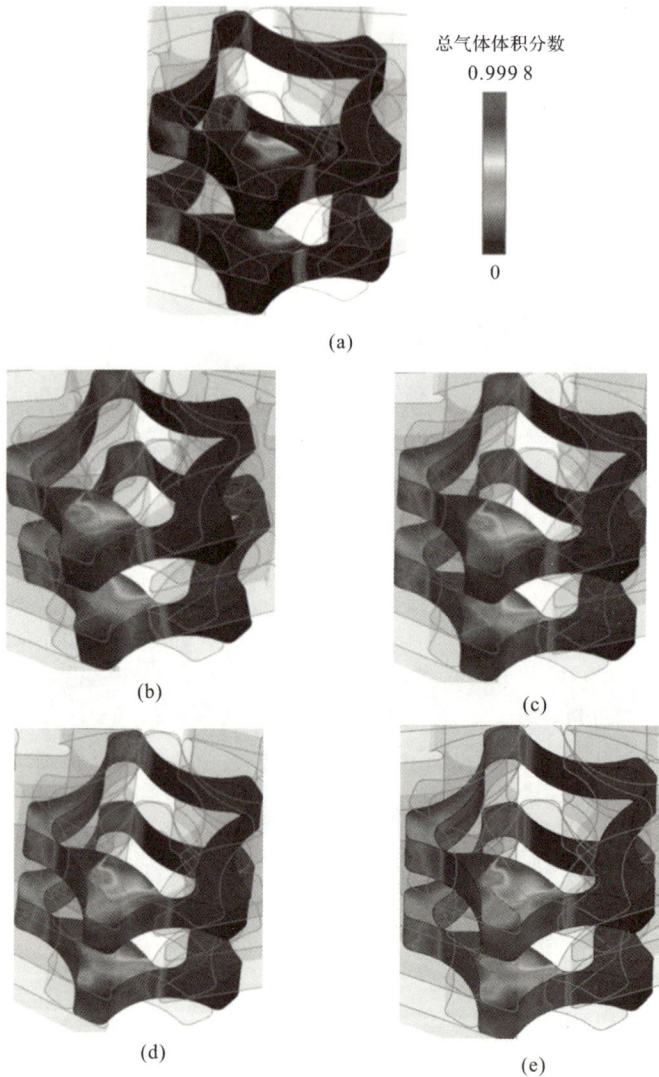

(a)

(b)　　　　　　　　　　　(c)

(d)　　　　　　　　　　　(e)

图 5 - 9　入口压力 60 kPa、不同转速下的空化分布(齿轮角度:-22.5°)
(a)5 000 r/min;　(b)5 400 r/min;　(c)5 600 r/min;　(d)6 000 r/min;　(e)6 500 r/min

由图 5 - 10 可以发现,气蚀产生的位置仍然为两齿啮合处,但是随着转速的增大,气蚀位置出现变化。从图 5 - 10 中可以看出,在入口压力为60 kPa、转速为 6 000 r/min 和 6 500 r/min 下,齿轮转至此角度为-22.5°时,已基本无气蚀,但是在＋22.5°和0°时出现了大面积气蚀。

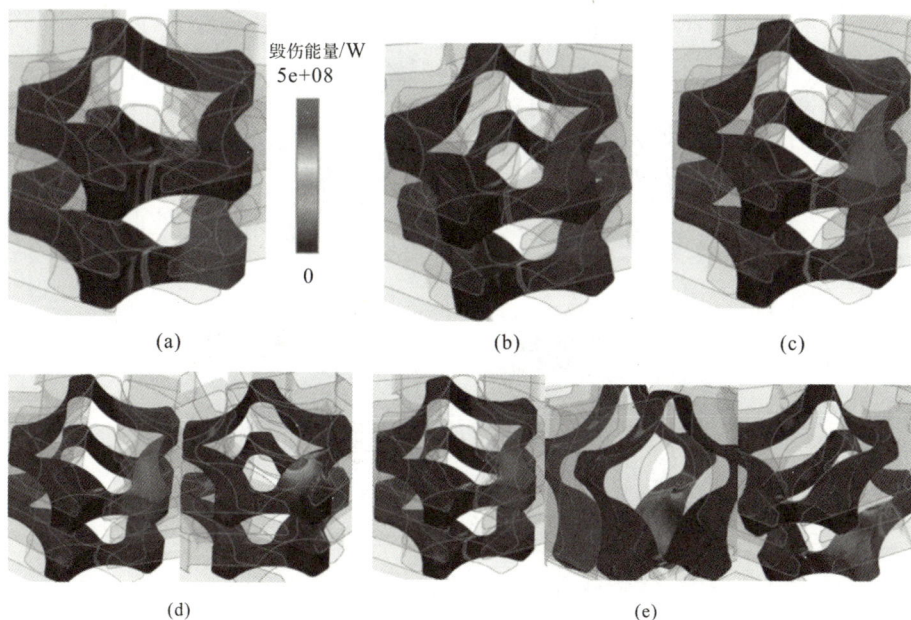

图5-10 入口压力60 kPa、不同转速下的气蚀分布
(a)5 000 r/min，－22.5°；(b)5 400 r/min，－22.5°；(c)5 600 r/min，－22.5°；
(d)6 000 r/min，－22.5°和＋22.5°；(e)6 500 r/min，－22.5°,0°,0°

(2)入口压力为80 kPa、$g_f = 10^{-5}$时，不同转速下的空化和气蚀对比。

由图5-11可以看出，当入口压力为80 kPa时，随着转速增大，两齿啮合处的空化现象稍有减弱，但是两齿轮啮合的流体域上端面处空化现象明显加剧。

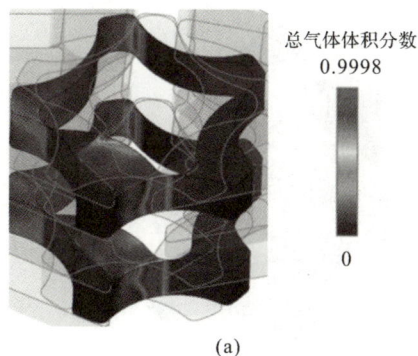

图5-11 入口压力80 kPa、不同转速下的空化分布(齿轮角度：－22.5°)
(a)5 000 r/min

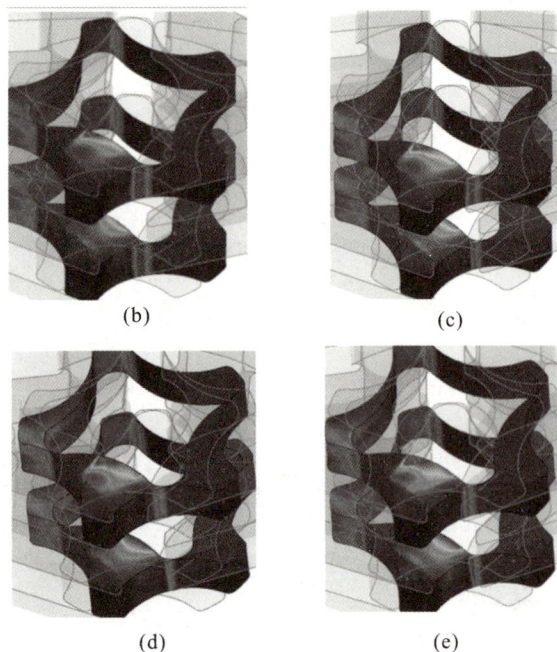

续图 5-11 入口压力 80 kPa、不同转速下的空化分布（齿轮角度：−22.5°）

(b)5 400 r/min； (c)5 600 r/min； (d)6 000 r/min； (e)6 500 r/min

图 5-12 为入口压力为 80 kPa 时，齿轮转至同一角度，不同转速下的气蚀分布，气蚀位置的压力基本与入口压力（60 kPa）一致。需要注意的是，当转速增大至 6 000 r/min 时，在图 5-12 中齿轮转至−22.5°时气蚀不明显，但是在齿轮转至＋22.5°时，出现了大面积严重气蚀，而且气蚀的位置发生了变化。

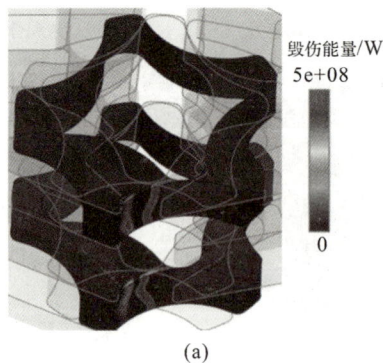

图 5-12 入口压力 80 kPa、不同转速下的气蚀分布

(a)5 000 r/min，−22.5°

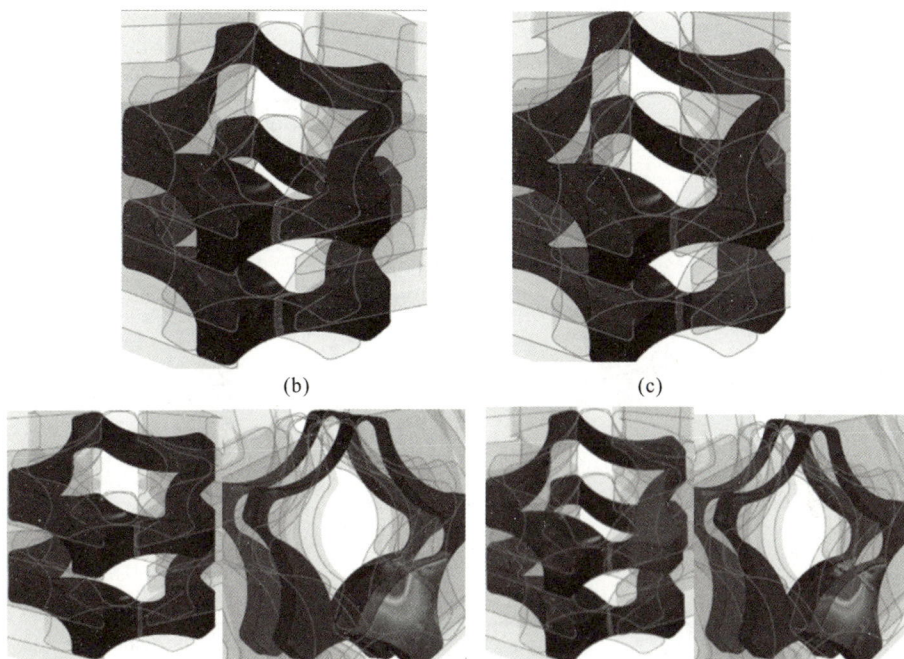

续图 5-12 入口压力 80 kPa、不同转速下的气蚀分布

(a)5 000 r/min,−22.5°; (b)5 400 r/min,−22.5°; (c)5 600 r/min,−22.5°;

(d)6 000 r/min,−22.5°和+22.5°; (e)6 500 r/min,−22.5°和+22.5°

3. 总结

空化都出现在齿轮泵的吸油区域;气蚀基本都出现在两齿啮合处;当入口压力降低到 60~80 kPa,同时转速增大到 5 600 r/min 以上时,气蚀程度明显加剧且范围更大,在两齿啮合的流体域的端面及内壁面(①⑦和④⑧)上开始出现大面积气蚀。

总的来说,入口压力越低,转速越高,越容易出现大面积空化和气蚀。当油液中存在一定量的杂质气体时,入口压力的降低能够明显降低泵的出口流量。

5.3.2 不同转速下,不同气体质量分数(油气比)对空化和气蚀的影响

图 5-13 为不同含气量(空气含量)、不同转速下泵的流量曲线。为了研究空气含量对气蚀和泵性能的影响,我们选取了 5 组气体质量分数,分别为 $3×10^{-5}$、$5×10^{-5}$、$10.5×10^{-5}$、$16.76×10^{-5}$、$23.74×10^{-5}$。以 80 kPa 入口压力为基准,折算后对应的含气率分别约为 2.75%、4.5%、9.01%、13.65%、18.3%。

可以看出,随着含气量的增大,泵的出口流量明显降低,降幅可达 26% 左右。

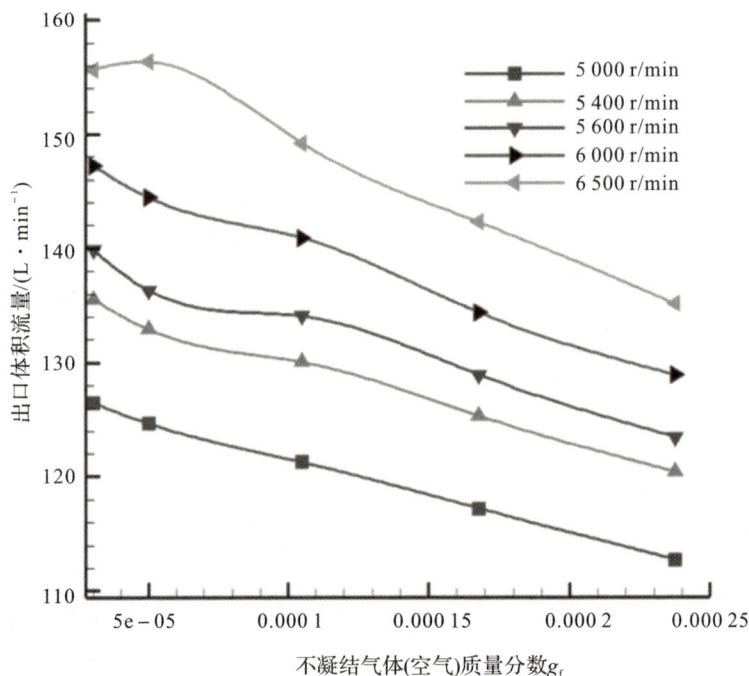

图 5 - 13　不同含气量、不同转速与出口流量的关系

　　经过观察动态云图(即齿轮旋转一圈的气蚀云图),总结整理得到不同转速、不同空气含量下的气蚀分布,具体见表 5 - 2。可以看出,当进口压力为 80 kPa 时,空气含量在 $3 \times 10^{-5} \sim 2.374 \times 10^{-4}$、转速在 5 000 ~ 6 500 r/min 内变化时,均有气蚀出现,但具体工况对应的气蚀位置略有不同。从表 5 - 2 可以大致看出,随着含气量的增加(同时转速增加),气蚀的分布区域将会更大,也更严重。表5 - 2 加下画线的都是大面积严重气蚀区域。通过观察动态云图,可知区域①⑦(齿轮端面及壁侧面)为大面积气蚀严重区域(同时出现),区域⑤⑥(两齿啮合区域)为常见气蚀区域,绝大多数工况在此区域都会出现气蚀。

表 5 - 2　不同含气量、不同转速下的气蚀分布

g_f	转速/(r · min^{-1})				
	5 000	5 400	5 600	6 000	6 500
3×10^{-5}	⑤⑥⑦	⑤⑥⑧	⑤⑥	<u>①</u>⑦⑧⑨	⑤⑥⑨
5×10^{-5}	⑤⑥	⑤⑥	<u>①</u>⑤⑥⑦	⑤⑥⑨	②⑤⑥

续表

g_f	转速/(r·min^{-1})				
	5 000	5 400	5 600	6 000	6 500
1.05×10^{-4}	⑤⑥	⑤⑥	⑤⑥	①⑤⑥⑦	①②④⑤⑥⑦⑨
1.676×10^{-4}	⑤⑥	⑤⑥	①⑤⑥⑦	①⑤⑥⑦	①⑤⑥⑦
2.374×10^{-4}	⑤⑥	①④⑤⑥⑦	①⑤⑥⑦	①④⑤⑥⑦	④⑤⑥⑦

1. 转速（6 000 r/min）一定时，不同含气量下的空化和气蚀对比

由图 5-14 可以看出，转速为 6 000 r/min 时，空化产生的位置仍然处于吸油的低压区域，当含气量增大到 5×10^{-5} 时，滑油的空化程度在局部最强；随着含气量的增大，虽然空化的集中程度在减弱，但是空化分布更均匀，范围更广。

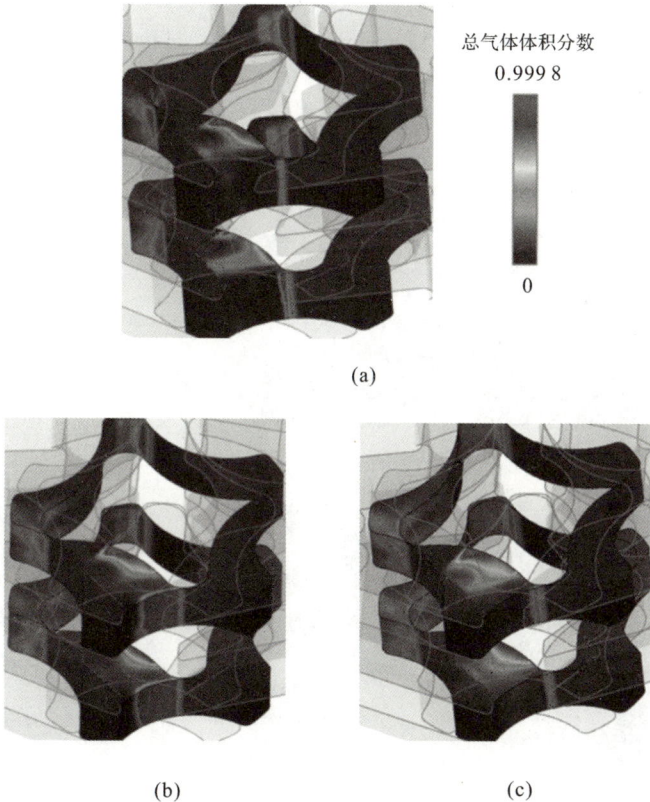

总气体体积分数
0.999 8

0

(a)

(b)   (c)

图 5-14　转速 6 000 r/min、不同含气量下的空化分布对比（齿轮角度：-22.5°）
(a)$g_f=3\times10^{-5}$；　(b)$g_f=5\times10^{-5}$；　(c)$g_f=1.05\times10^{-4}$

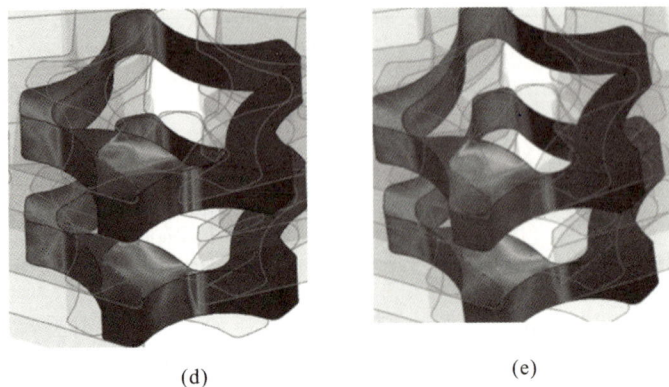

(d)　　　　　　　　　　　　　　(e)

续图 5-14　转速 6 000 r/min、不同含气量下的空化分布对比（齿轮角度：-22.5°）

(d)$g_f=1.676\times10^{-4}$；　(e)$g_f=2.374\times10^{-4}$

图 5-15 给出了转速为 6 000 r/min,转子在不同角度时,不同含气量下的气蚀分布。除了含气量为 5×10^{-5} 下的气蚀分布,其余含气量下均在转子的端面和内侧处出现了大面积严重气蚀,且基本随着含气量增大,气蚀的范围增大。

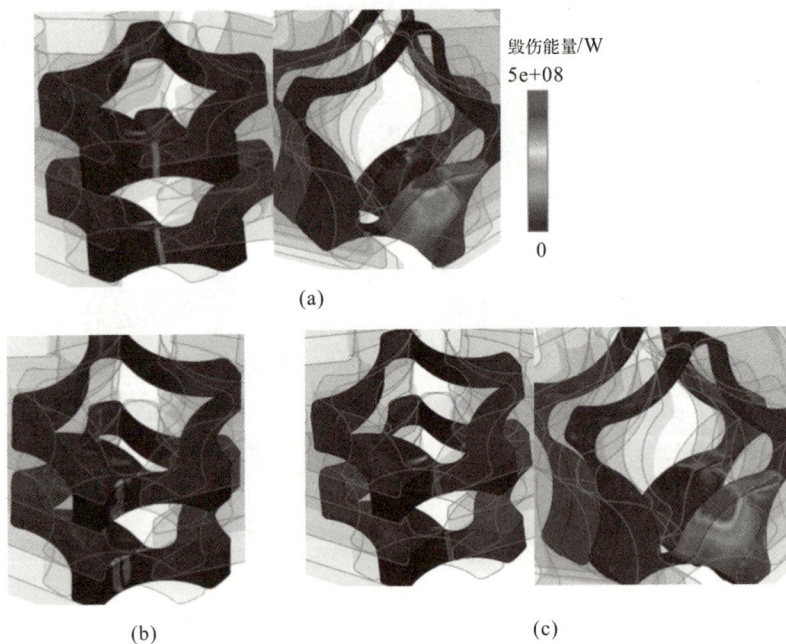

毁伤能量/W
5e+08
0

(a)

(b)　　　　　　　　　　　　　(c)

图 5-15　转速 6 000 r/min、不同含气量下的气蚀分布对比

(a)$g_f=3\times10^{-5}$,-22.5°和+22.5°；　(b)$g_f=5\times10^{-5}$,-22.5°；　(c)$g_f=1.05\times10^{-4}$,-22.5°和+22.5°

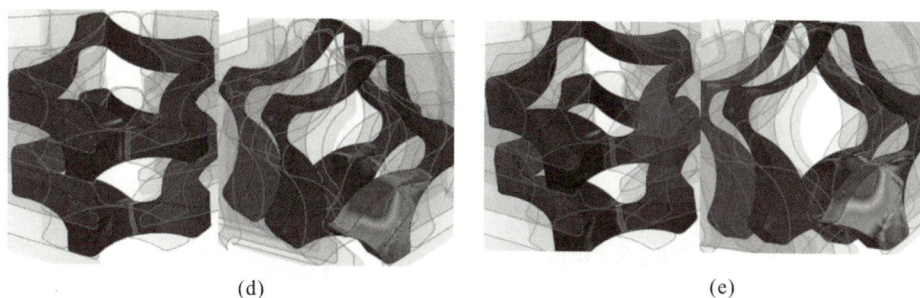

(d) (e)

图 5-15　转速 6 000 r/min、不同含气量下的气蚀分布对比

(d)$g_f=1.676\times10^{-4}$，$-22.5°$和$+22.5°$；　(e)$g_f=2.374\times10^{-4}$，$-22.5°$和$+22.5°$

2. 含气量（$g_f=1.05\times10^{-4}$）一定时，不同转速下的空化和气蚀对比

由图 5-16 可以看出，当含气量为 10^{-4} 时，随着转速增大，空化现象出现的范围更广，两齿啮合间的流体域上端面位置的空化现象逐渐增强。

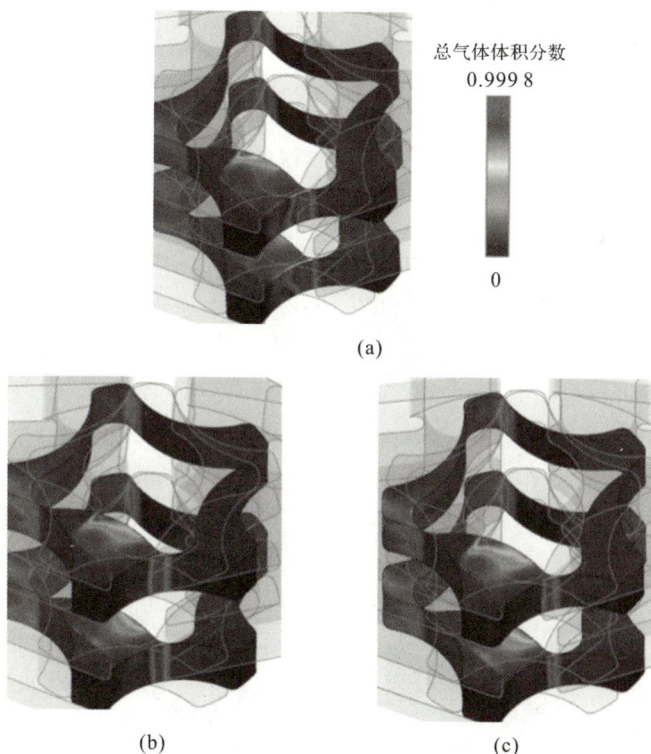

总气体体积分数
0.999 8

0

(a)

(b) (c)

图 5-16　含气量 1.05×10^{-4}、不同转速下的空化分布对比(齿轮角度：$-22.5°$)

(a)5 000 r/min；　(b)5 400 r/min；　(c)5 600 r/min

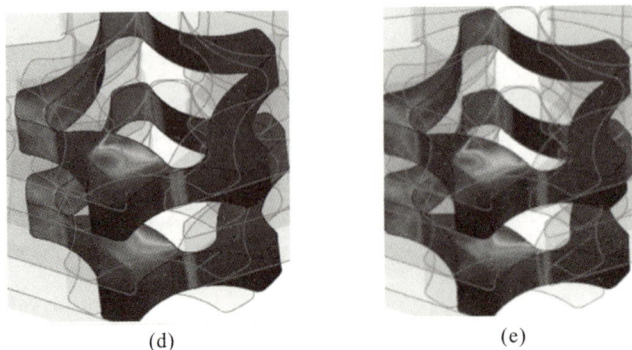

(d)   (e)

续图 5-16　含气量 1.05×10^{-4}、不同转速下的空化分布对比(齿轮角度：$-22.5°$)

(d)6 000 r/min；　(e)6 500 r/min

由图 5-17 可以看出，含气量为 1.05×10^{-4} 时，不同转速下，当齿轮转至角度为 $-22.5°$ 时，气蚀位置基本相同，均在两齿啮合处，且气蚀的分布范围基本未变化；但是当齿轮转至 $+22.5°$(见图 5-18)，转速分别增大至 6 000 r/min 和 6 500 r/min 时，此位置(转子端面和内侧)均出现了严重的气蚀，且转速为 6 500 r/min 时的气蚀分布更广，也更严重。

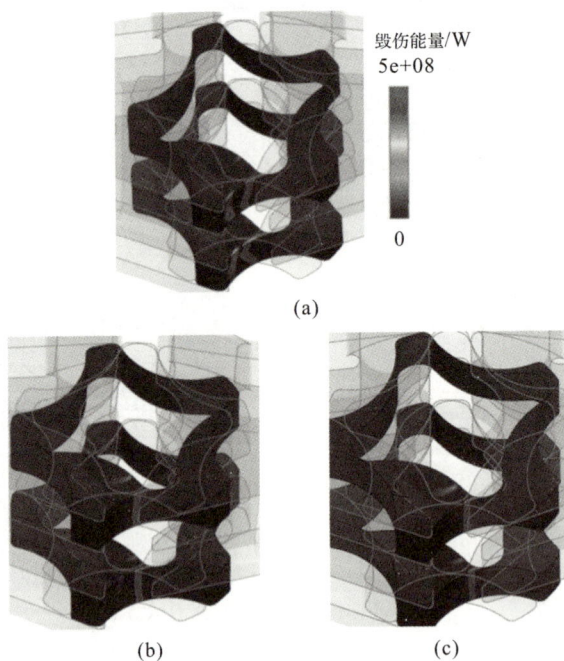

毁伤能量/W

5e+08

0

(a)

(b)   (c)

图 5-17　含气量 1.05×10^{-4}、不同转速下的气蚀分布对比(齿轮角度：$-22.5°$)

(a)5 000 r/min；　(b)5 400 r/min；　(c)5 600 r/min

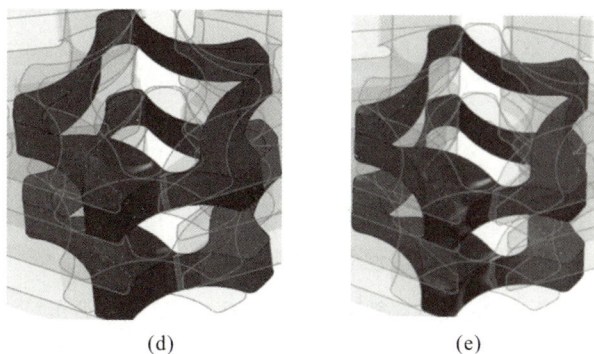

(d)　　　　　　　　(e)

图 5-17　含气量 1.05×10^{-4}、不同转速下的气蚀分布对比（齿轮角度：$-22.5°$）

(d)6 000 r/min；　(e)6 500 r/min

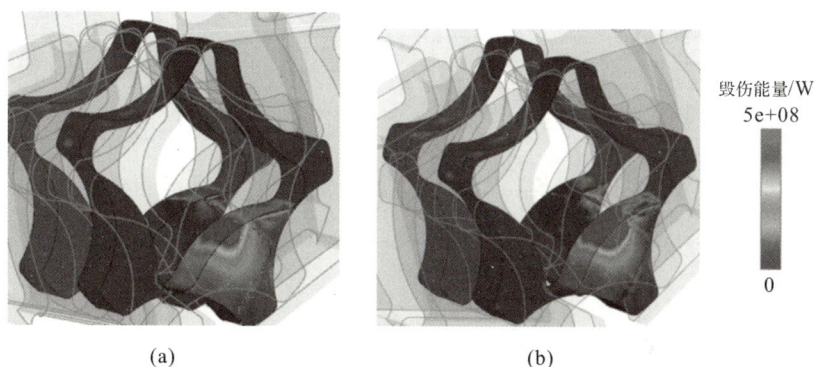

(a)　　　　　　　　(b)

图 5-18　含气量 1.05×10^{-4}、不同转速下的气蚀分布对比（齿轮角度：$+22.5°$）

(a)6 000 r/min；　(b)6 500 r/min

3. 总结

空化都出现在齿轮泵的吸油区域（集中在吸油区域的啮合位置及吸油区端面处），气蚀基本都在两齿啮合处出现（区域⑤⑥）；当含气量增大到 1.676×10^{-4} 以上，且转速在 5 600 r/min 以上时，在位置①（一级齿轮两齿啮合的流体域端面）和位置⑦（齿轮 1 内壁面）及内侧面均会同时出现严重的气蚀，且随着含气量的进一步增大，转速进一步增大，空化分布范围变广，气蚀更严重，范围也更广。

含气量增大，导致泵出口流量明显降低。

5.3.3　不同进口压力下，气体质量分数（油气比）对空化和气蚀的影响

通过观察动态云图（即齿轮旋转一圈的气蚀云图），总结整理得到不同转速、不同含气量下的气蚀分布，具体见表 5-3。可以看出，当转速为 6 000 r/min

时,空气含量在 $3 \times 10^{-5} \sim 2.374 \times 10^{-4}$、入口压力在 $70 \sim 120$ kPa 内变化时,均有气蚀出现。但具体工况对应的气蚀位置略有不同。从表 5 - 3 可以大致看出,随着含气量的增大(同时入口压力减小),气蚀的分布区域将会更大,也更严重,在区域①和区域⑦会出现大面积气蚀。表 5 - 3 中加下画线的都是大面积严重气蚀区域。通过观察动态云图,可知区域①⑦(齿轮端面及内壁面,一般两处同时出现时才是大面积气蚀)为大面积气蚀严重区域,区域⑤⑥(两齿啮合区域)为常见气蚀区域,绝大多数工况在此区域都会出现气蚀。

表 5 - 3 不同含气量、不同入口压力下的气蚀分布

g_f	入口压力/kPa				
	70	80	90	100	120
3×10^{-5}	⑨	<u>①</u><u>⑦</u>⑨	⑤⑥⑧	⑤⑥<u>⑦</u>⑧	⑤⑥<u>⑦</u>
5×10^{-5}	②⑤⑥	⑤⑥⑨	⑤⑥⑨	⑤⑥<u>⑦</u>⑧	⑤⑥<u>⑦</u>
1.05×10^{-4}	<u>①</u>⑤⑥<u>⑦</u>	<u>①</u>⑤⑥<u>⑦</u>	⑤⑥	⑤⑥<u>⑦</u>⑧	⑤⑥<u>⑦</u>⑧
1.676×10^{-4}	<u>①</u>⑤⑥<u>⑦</u>⑨	<u>①</u>⑤⑥<u>⑦</u>	<u>①</u>⑤⑥<u>⑦</u>	⑤⑥<u>⑦</u>⑧⑨	⑤⑥<u>⑦</u>⑧
2.374×10^{-4}	<u>①</u>⑤⑥<u>⑦</u>	<u>①</u>④⑤⑥<u>⑦</u>	<u>①</u>④⑤⑥<u>⑦</u>⑧	<u>①</u>⑤⑥<u>⑦</u>⑧⑨	⑤⑥<u>⑦</u>⑧

1. 入口压力(80 kPa)一定时,不同含气量下的空化和气蚀对比

由图 5 - 19 可以看出,入口压力为 80 kPa、转速为 6 000 r/min 时,随着空气含量的增大,空化现象整体分布范围更大,也更均匀;但是当含气量为 5×10^{-5} 时,在两齿分离的区域空化现象最严重,这是因为空化是含气量和蒸气共同作用的结果,随着含气量增大,滑油蒸发量减小,两者之和才是空化的体积分数。

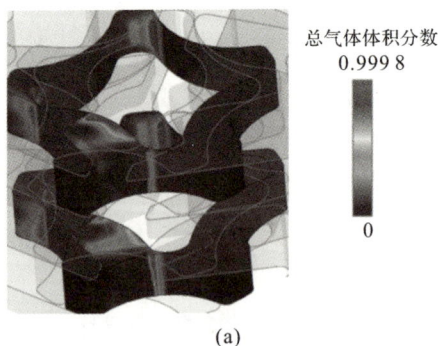

总气体体积分数
0.999 8

0

(a)

图 5 - 19 入口压力 80 kPa、不同含气量下的空化分布对比(齿轮角度:-22.5°)
(a)$g_f = 3 \times 10^{-5}$

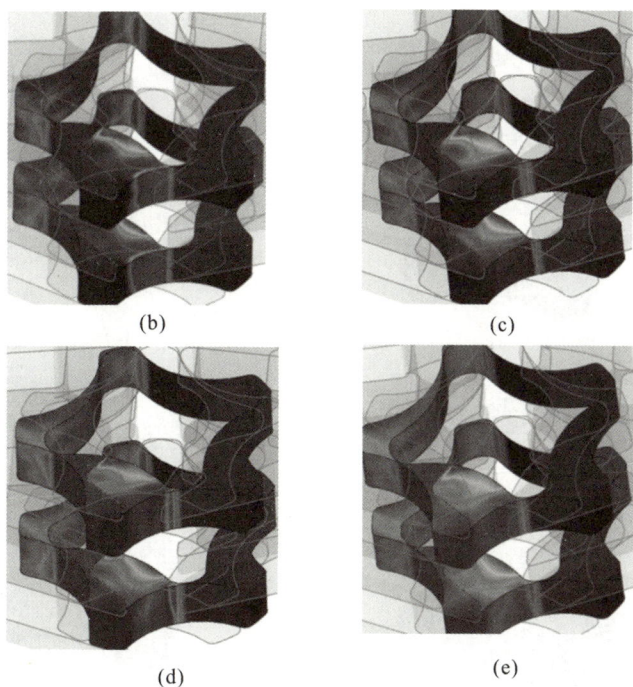

续图 5 - 19　入口压力 80 kPa、不同含气量下的空化分布对比(齿轮角度:－22.5°)
(b)$g_f = 5 \times 10^{-5}$；　(c)$g_f = 1.05 \times 10^{-4}$；　(d)$g_f = 1.676 \times 10^{-4}$；　(e)$g_f = 2.374 \times 10^{-4}$

由图 5 - 20 可以看出,入口压力为 80 kPa、转速为 6 000 r/min 时,当齿轮转子角度为－22.5°时,气蚀基本均出现在两齿即将分离的区域,但是由表 5 - 3 可知,齿轮转子转至其他角度时,在上面齿轮内侧及端面会产生大面积气蚀。

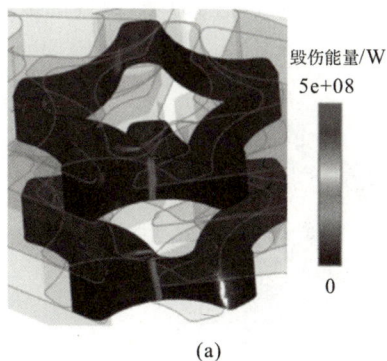

图 5 - 20　入口压力 80 kPa、不同含气量下的气蚀分布对比(齿轮角度:－22.5°)
(a)$g_f = 3 \times 10^{-5}$

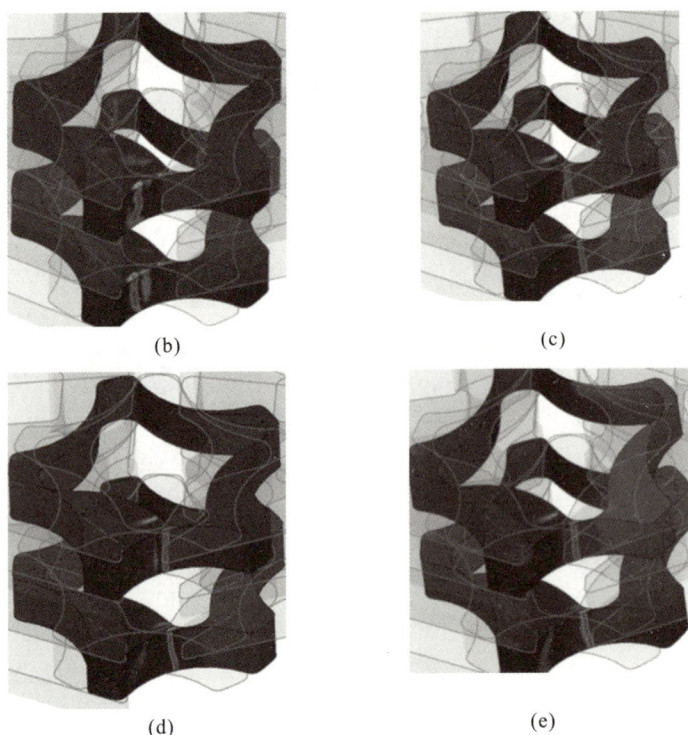

(b)   (c)

(d)   (e)

图 5-20 入口压力 80 kPa、不同含气量下的气蚀分布对比(齿轮角度:−22.5°)

(b)$g_f = 5 \times 10^{-5}$; (c)$g_f = 1.05 \times 10^{-4}$; (d)$g_f = 1.676 \times 10^{-4}$; (e)$g_f = 2.374 \times 10^{-4}$

图 5-21 为转速 6 000 r/min,入口压力为 80 kPa 时,齿轮旋转一圈时出现的最大气蚀分布和对应的角度位置。可以看出,含气量不同,对应出现的潜在气蚀的转子角度也不同。在这里需要注意的是,当含气量为 5×10^{-5} 时,齿轮泵旋转一圈也未在端面处见到大面积气蚀。

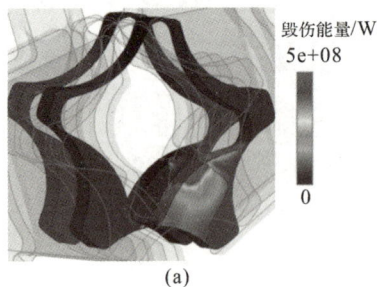

毁伤能量/W
5e+08

0

(a)

图 5-21 入口压力 80 kPa、转速 6 000 r/min、不同含气量下的气蚀分布对比

(a)$g_f = 3 \times 10^{-5}$,$+22.5°$

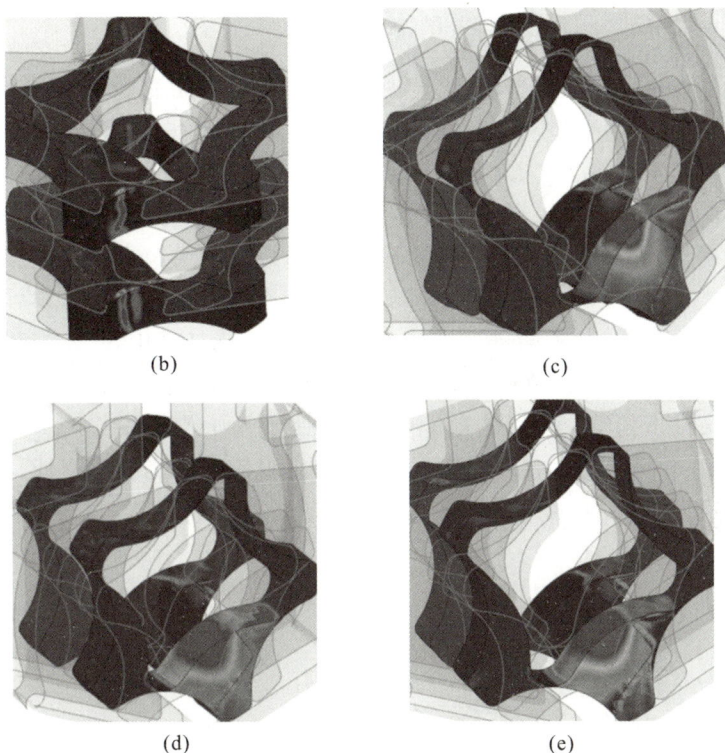

续图 5-21　入口压力 80 kPa、转速 6 000 r/min、不同含气量下的气蚀分布对比
(b) $g_f = 5 \times 10^{-5}$, $-22.5°$;　(c) $g_f = 1.05 \times 10^{-4}$, $+22.5°$;
(d) $g_f = 1.676 \times 10^{-4}$, $0°$;　(e) $g_f = 2.374 \times 10^{-4}$, $+22.5°$

2. 总结

空化都出现在滑油泵的吸油区域,气蚀基本都出现在两齿啮合处(区域⑤⑥);当入口压力降低到 60～80 kPa 同时含气量增大到 1.676×10^{-4} 及以上时,气蚀程度明显加剧且范围更大,在两齿啮合的流体域的端面及内壁面(①⑦)上开始出现大面积气蚀。

含气量一定时,随着入口压力增大,空化现象明显减弱;气蚀程度也有所减弱;当含气量不大于 5×10^{-5} 时,随着入口压力增大,基本无大面积气蚀,即在空气质量分数在 4.5% 左右时,出现了气蚀的最低点(拐点)。

总的来说,含气量的增大和进口压力的降低,两者共同促进了大面积气蚀的发生,即高含气量下发生大面积气蚀的压力临界值比低含气量下发生大面积气蚀的压力临界值要高。

5.3.4　入口面积对泵空化和气蚀的影响

计算原始模型中,泵进口管道直径 D_{in} 与泵出口管道直径 D_{out} 之比为 2.0。本小节出口面积保持不变,改变进口面积大小。将进口管道直径比缩小成以下三组:$D_{in}/D_{out}=1.4$,$D_{in}/D_{out}=1.6$,$D_{in}/D_{out}=1.8$。对应的进出口面积比为 1.96、2.56、3.24。未将进出口面积放大来研究是因为,发现 D_{in}/D_{out} 从 1.8 增大到 2.0 时,泵的出口供油能力基本不再增大,效率也增长很小,且抗气蚀性能也接近。

如图 5-22 所示,不同进口直径、不同转速下,当油液中含有一定量的杂质气体(含气率为 9%)时,改变泵的进口面积已经明显影响到泵的出口流量了。这与纯油流动下的结论有所不同(具体可参见 4.2.4 节)。由图 5-22 可以看出,当泵的进出口直径之比小于 1.8 时,泵的出口流量已经明显降低,转速升高时,缩小进口管径带来的流量减小将更加明显。

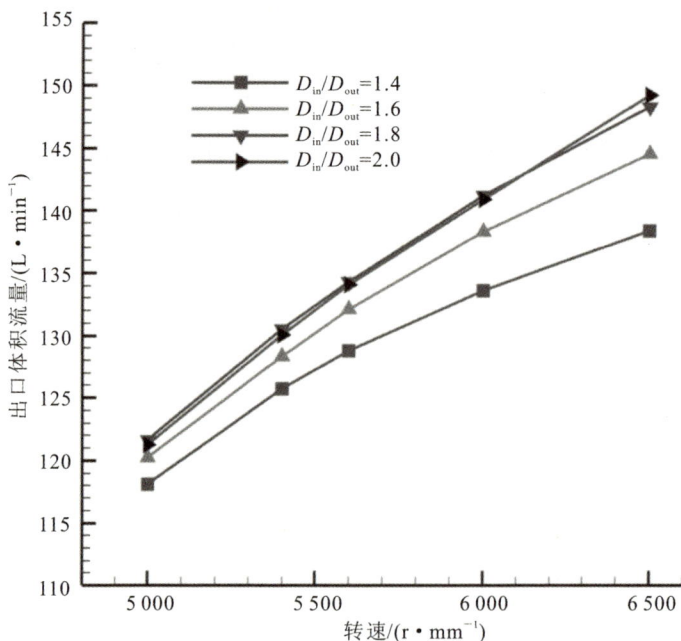

图 5-22　进出口直径比、转速与出口流量的关系

通过观察动态云图(即齿轮旋转一圈的气蚀云图),总结整理得到不同转速下不同进出口面积比下的气蚀分布,具体见表 5-4。可以看出,当进口压力为 80 kPa,空气含量为 1.05×10^{-4},转速在 5 000~6 500 r/min 内变化,进出口面

积比在 1.4～2.0 内变化时,均有气蚀出现。但具体工况对应的气蚀位置略有不同。从表 5-4 可以大致看出,随着含气量的增大(同时进出口面积减小),气蚀的分布区域会更大,也更严重。当转速不大于 5 400 r/min 时,四种结构下均未出现大面积气蚀。表 5-4 中加下画线的都是大面积严重气蚀区域。通过观察动态云图可知,区域①⑦(齿轮端面及内壁面)为大面积气蚀严重区域(同时出现),区域⑤⑥(两齿啮合区域)为常见气蚀区域,绝大多数工况在此区域都会出现气蚀。

表 5-4   不同转速、不同进出口管径比下的气蚀分布

转速 r·min⁻¹	D_{in}/D_{out}			
	1.4	1.6	1.8	2.0
5 000	⑤⑥	⑤⑥⑨	⑤⑥⑨	⑤⑥
5 400	⑤⑥	⑤⑥	⑤⑥	⑤⑥
5 600	⑤⑥<u>⑦</u>	⑤⑥<u>⑦</u>	⑤⑥	⑤⑥
6 000	<u>①</u>⑤⑥<u>⑦⑧</u>	<u>①</u>⑤⑥<u>⑦</u>	<u>①</u>⑤⑥<u>⑦</u>	<u>①</u>⑤⑥<u>⑦</u>
6 500	<u>①</u>⑤⑥<u>⑦⑧</u>	<u>①④</u>⑤⑥<u>⑦⑧</u>	<u>①</u>⑤⑥<u>⑦⑨</u>	<u>②④</u>⑤⑥<u>⑦</u>

从表 5-4 中可以看出,空化都出现在滑油泵的吸油区域(只要集中在啮合位置及吸油区端面处),且四种结构下空化现象均随着转速增大而加剧;气蚀基本都在两齿啮合处(区域⑤⑥)出现;当转速在 5 600 r/min 以上时,在位置①(一级齿轮两齿啮合的流体域端面)和位置⑦(齿轮 1 内壁面)及内侧面均会同时出现严重的气蚀,且随着转速进一步增大及进出口面积比的减小,气蚀更严重,范围更广,大面积气蚀的区域更多;当转速不超过 5 400 r/min 时,四种结构下均未出现大面积气蚀。

从整体上看,进出口面积越小,进口流速越大,进口压力越小,导致空化现象分布更广,气蚀更严重;转速越大,导致空化现象越明显,分布范围更广,气蚀现象也更严重。四种结构中,$D_{in}/D_{out}=2.0$ 结构在 5 000～6 500 r/min 下的抗气蚀性能最优。

根据航空泛摆线滑油泵在不同入口面积和不同工况下气蚀和流量等综合性能的表现,可以确定出滑油泵的入口最佳流速。对于本章采用的模型,在计算的工况范围内,滑油的最佳流速在 0.7 m/s 左右。

▶ 5.4 本 章 小 结

本章简要介绍了空化和气蚀现象发生的机理,给出了防止航空泛摆线泵内发生空化和气蚀的初步设计思路和措施;通过工程计算研究给出了某航空泛摆线泵在一定范围的转速、入口压力、入口面积和不同含气量下,泵的气蚀和流量性能表现,同时给出了指定条件下可能发生大面积气蚀的临界物理工况。可以发现,整体上随着入口压力的升高、转速的降低、入口面积的增大,空化和气蚀现象的程度会减弱。但需注意的是,气蚀的诱发因素很多,对于不同结构的泵,其气蚀发生的临界物理边界条件可能会不同。本章的计算结果对具有类似结构的泵的气蚀预测具有一定的借鉴意义。

由于航空泛摆线滑油泵内空化和气蚀的发生是一个极其不稳定的瞬态过程,对其的研究和讨论会比较麻烦。本章通过气蚀表的方式统计了不同工况下潜在气蚀的位置,可以从整体上快速预测和判断气蚀发生的临界物理工况条件。

第6章 航空泛摆线泵的优化设计

航空泛摆线泵的优化设计是一个复杂而关键的工程,它涉及泵的性能提升、效率增加以及使用寿命的延长等。其优化内容主要包括以下方面:

(1)转子齿廓优化:转子齿廓是影响泵性能的关键因素之一。通过改变转子的齿形、齿数、齿宽等参数,可以优化泵的流量、压力脉动和容积效率。利用先进的 CAD/CAE 软件进行转子齿廓的精确设计和分析,能够确保齿廓能够正常啮合并满足性能要求。

(2)进、出油腔设计优化:油腔的设计直接影响泵的容积效率和出口脉动。通过优化密封腔的形状、大小,可以提高泵的容积效率,减小脉动。在设计密封腔时,需要考虑转子的运动轨迹,以确保油液能够及时稳定地进入进油腔并及时排出到出油腔。

(3)轴承和密封件优化:轴承和密封件是内啮合泛摆线泵的重要组成部分,对泵的性能和使用寿命有重要影响。通过选择高性能的轴承和密封件材料,可以提高泵的可靠性和耐久性。对轴承和密封件的结构进行优化设计,能够减少摩擦和磨损,降低泵的维护成本和停机时间。

(4)润滑系统设计优化:良好的润滑系统对保持泵的高效运行至关重要。通过优化润滑系统的设计,如增加润滑油的循环量、改善润滑油的清洁度等,可以降低泵的摩擦损失和磨损率。

目前我国航空泛摆线滑油泵大部分仍采用仿制国外航空滑油泵产品结构的方法进行生产制造,自主设计能力较差。设计航空泛摆线滑油泵不仅需要强大的基础理论,而且离不开海量的数据及数据库体系支撑。本章通过收集现有航空泛摆线滑油泵产品的结构数据、性能、试验参数以及发动机应用的工况参数,并将收集到的数据进行分类整理,建立航空泛摆线滑油泵相关参数与结构的数据库,以便能够更清晰、更全面地掌握滑油泵相关参数和性能结果间的关系,为航空泛摆线滑油泵的优化设计提供经验指导和数据支撑,缩短滑油泵的设计周期和成本。

本书航空泛摆线滑油泵的设计和优化主要指根据预期设计目标(流量,泵的体积、效率、脉动要求,等等),合理地设计泵的结构,并找到较优结构,以满足设计要求。

本章中航空泛摆线泵的优化设计主要包括转子、泵进出油口、转子两侧隔板等影响流场特性的主体结构优化设计。后续关于航空泛摆线泵的优化设计专指以上部分的设计,关于航空泛摆线泵的其他部件结构的设计本书只作简单介绍或者直接给出结果。

6.1 航空泛摆线泵设计的一般流程及优化问题

航空泛摆线泵的设计优化涉及设计和优化两个方面,设计是为了满足一定的性能指标,优化是在设计的基础上使泵在某方面具有更加突出的性能。设计和优化在许多情况下是相互依赖的。设计过程中需要考虑优化因素,比如在设计转子结构尺寸时,通过改变转子结构参数的大小可以满足泵的流量指标,但是进一步改变这些参数的大小,则可能使泵的流量更大,或者降低脉动等,从而达到更好的性能效果。好的设计可以为优化提供良好的基础和条件,使优化更加容易和高效,而有效的优化可以提升设计的性能和效果,使其更加符合期望和需求。因此,本章中航空泛摆线泵的设计和优化是紧密关联的,在设计的流程中,已经结合第 3 章和第 4 章已有的结论,将优化和设计有机地结合到一起。

6.1.1 航空泛摆线泵设计的一般流程

航空泛摆线泵设计的一般流程可以归纳为以下几个关键步骤:

(1)初步设计与需求分析。

明确泵的使用环境(如转速要求、高空、工质种类及物性等)、性能要求(如流量、压力脉动、噪声水平等)。

(2)结构设计、参数的选择与计算:

1)根据泵的转速 n 和初选容积效率 η 等设计内外转子的结构,包括内转子的外齿轮和外转子的内齿轮的齿廓曲线,同时确保内外转子偏心安装且能够相互啮合。内外转子齿廓曲线的设计参数包括内转子齿数 z_1、外转子齿数 z_2、弧径系数 h、偏心距 e、创成系数 k 等,通过这些参数的确定能够相应地确定内外转子的齿顶圆和齿根圆半径及其他尺寸。

2)根据流量和压力需求,设计进出油槽的结构及位置,确保油液能够顺畅地进入和排出工作腔。

3)进出口管道的大小及位置设计。

这几种结构的设计不是相互独立的,比如转子结构的变化,为了满足泵的性能指标,相应的油槽的结构和位置也要发生一定的变化。所有结构的综合设计才能够使泵的性能更佳,满足一定的设计目标。

(3)性能优化与仿真。

1)利用仿真软件对内啮合泛摆线泵进行性能分析,如流量脉动、噪声水平、容积效率等。

2)根据仿真结果,对泵的结构参数进行调整和优化,以满足设计要求。

3)详细设计与制图:根据优化后的结构参数进行详细的零部件设计和制图。制定加工和装配工艺,确保零部件的加工精度和装配质量。

(4)样机制造与测试。

1)制造样机并进行装配和调试。

2)对样机进行性能测试,包括流量、压力脉动、噪声水平等指标的测试。

3)根据测试结果进行必要的改进和调整。

(5)设计文档与评审。

1)编制详细的设计文档,包括设计说明书、图纸、工艺文件等。

2)组织设计评审,确保设计符合相关标准和规范,满足使用要求。

(6)生产准备与质量控制。

1)制订生产计划和质量控制计划,确保生产过程的顺利进行和产品质量的稳定可靠。

2)对生产设备进行调试和准备,确保其能够满足生产要求。

以上流程涵盖了航空泛摆线泵设计的主要环节,需要设计人员在每个环节中都进行细致的工作和精确的计算,以确保泵的性能和质量能够满足航空领域的高要求。本章关于航空泛摆线泵的设计优化研究主要指以上的第(1)~(3)步。

6.1.2 航空泛摆线泵的优化问题

在航空泛摆线泵的优化过程中,需要优化转子的结构设计参数、进口和出口油槽、进口和出口的大小及位置等,尤其是转子的结构设计参数对泵的性能起着主要作用。以偏心距为例,其他条件不变的情况下,偏心距越大,泵的排量越大,但是偏心距大同时将导致泵的啮合传动稳定性变差,出口脉动增大,轴向径向力不平衡等诸多问题。每一个设计因素的变化均有利有弊,因此需要结合其他因素来进行综合考量、设计。

这些参数的优化在工程上通常有两种方法:

一是对大量的航空泛摆线泵的相关结构、实验、仿真等数据进行优选,合理适当地改变其结构以满足新的性能指标,因此需要对海量的数据进行筛选、对比和分析,这离不开数据库的支持。数据库系统为存储、检索、管理和处理大量数据提供了高效且可靠的基础。航空泛摆线泵特性数据库的建立应当充分考虑泵的结构、工况、实验、仿真等数据之间的关系,建立合理的数据库框架。本章 6.2 节将详细介绍一种基于航空泛摆线泵特性的数据库建立方法。本章 6.3 节将以数据库为基础,建立航空泛摆线泵的设计优化流程。

二是在参数约束能够确切描述的情况下,通过数学优化的方法,建立基于满足性能指标的目标函数和约束条件来进行求解。然而由于航空泛摆线泵结构及工作条件的复杂性,很多影响泵性能的结构因素目前没有较为确切的表达公式,无法通过数学方法来实现优化。在转子结构参数方面,目前已有部分较明确的数学约束条件可以用于进行数学优化。本章 6.4 节将给出一种在考虑转子不发生根切或者过尖条件下保证泵的理论流量最大和脉动最小的转子齿廓结构参数的数学优化方法。

每种约束条件考虑的影响因素也不同,因此在航空泛摆线泵的优化设计过程中,应根据指标要求及要考虑的影响因素选择合适的方法来进行优化。

▶ 6.2　航空泛摆线泵数据库的建立

航空泛摆线泵数据库的建立具有多方面的重要意义,涵盖了从产品设计、优化到生产、维护的整个过程。航空泛摆线泵数据库可以为设计者提供丰富的泵的历史实验数据、仿真数据和案例参考,帮助其更好地理解泵的工作原理、性能特点以及可能存在的挑战;通过数据分析,设计者可以识别出航空泛摆线泵的性能瓶颈和优化点,从而进行针对性能的设计改进;航空泛摆线泵数据库还可以存储不同设计方案的仿真结果和实验数据,为设计方案的比较和选择提供依据。航空泛摆线泵数据库可以存储产品的性能数据(如流量、压力、效率等),为泵的性能分析和预测提供基础;对于新产品或改进产品,可以利用数据库中的历史数据进行性能预测和风险评估;数据库可以作为一个知识平台,为不同部门和团队成员提供共享和访问信息的渠道,提高团队优化和设计航空泛摆线泵的能力和效率。

6.2.1　航空泛摆线泵数据库建立的基本思路及方法

Microsoft Office Access 2010 软件是一款中小型数据库开发管理系统,具有强大的数据处理、统计分析能力,可以方便地进行各类数据汇总、平均等计算统计,同时灵活的设置统计条件,可对上百万条数据进行快速、方便的统计分析。相比于 Excel,其处理数据更快,并支持多个表之间的关联,且能够以可视化界面方便用户进行数据的读写及其他操作;运用 Access 软件开发设计数据库,不要求用户具有深厚的数据库理论知识,便能便捷地完成数据库的创建、检索、维护等功能,相比同类型数据库管理系统 MySQL、ORACLE、SQL Server 等,其基本不需要设计者编写底层的程序语言,操作界面更友好,更接近办公软件 Excel,使用方便灵活。其具有的基本功能如下:数据的读、写,数据的删除和修改,数据表关系的建立,数据的查询、更新,可视化窗体的建立、报表的生成等。

基于以上优点,本书选择以 Access 软件为平台建立航空泛摆线泵数据库。收集航空泛摆线泵的结构参数、仿真和实验的工况、仿真和实验的结果数据。一条完整的数据信息过于冗杂,对收集到的航空泛摆线泵的模型结构参数、仿真和实验的工况及对应的结果,我们采用数据库方法将其进行分门别类、建立对应关系。首先要明确收集到的泵的具体类别,按照如下过程进行分类:

按"泵分类-按工作介质"—"泵分类-按工作原理"—"齿轮泵分类"的顺序列表,一级一级地将范围缩小。以已录入的数据为例,某型号齿轮泵按照上述三表逐级分类,应为滑油-齿轮-内啮合摆线泵。明确泵的具体种类后,然后将实验数据和仿真数据分开整理,按照"齿轮泵结构参数"—"泵仿真边界条件种类"—"仿真边界条件"—"泵仿真计算结果"和"齿轮泵的结构参数"—"实验边界条件种类"—"实验边界条件"—"泵实验计算结果"等两条主线建立相应的数据表格、录入数据,并为这些表建立一定的关联,即可通过筛选条件对数据进行查询和读取。一条完整的数据记录包括:泵的种类—泵的结构参数(内外转子齿数、偏心距、弧径系数、创成系数、进出口油槽形状及油槽深度、端面间隙、啮合间隙等)以及泵的三维模型展示—仿真/实验的边界条件—仿真或实验的结果展示(出口体积流量、流量或压力脉动率、物理量变化规律图片等)。

通过上述方法已经基本完成了数据库底层逻辑和数据内容的建立,也能实现数据库简单的读取、写入、查询、筛选等功能。但是为了使用户操作方便,上手简单,同时实现一些高级的查询功能并提高效率,我们建立了相应的用户窗口。用户通过窗口可以进行数据的录入、删除以及查阅等操作,同时对数据进行高效复杂的条件筛选,并生成报表,为设计提供参考。

6.2.2 航空泛摆线泵数据库的基本构架

为收集到的数据进行分类整理,将具有相似属性的数据创建为一个表,为每个表中的每条记录建立唯一的主键,然后与其他表中的外键进行关联,从而建立两表之间的关系。由于完整的航空泛摆线泵数据库的数据关系图幅面过大,故将其拆分为图 6-1 和图 6-2,注意图中基本每个框都代表一个数据表。图 6-1 中的表为泵分类表,用户无需更改;对于图 6-2 中的表,则需要用户将泵的信息录入。

若只创建和齿轮摆线泵有关的数据表,则大致有 14 个表,图 6-3 中只展示了新创建的部分表。然后建立表和表之间的关系。其中,每个表包含的大致内容如图 6-4～图 6-10 所示(以下各表的顺序基本上为一条完整数据记录的顺序)。

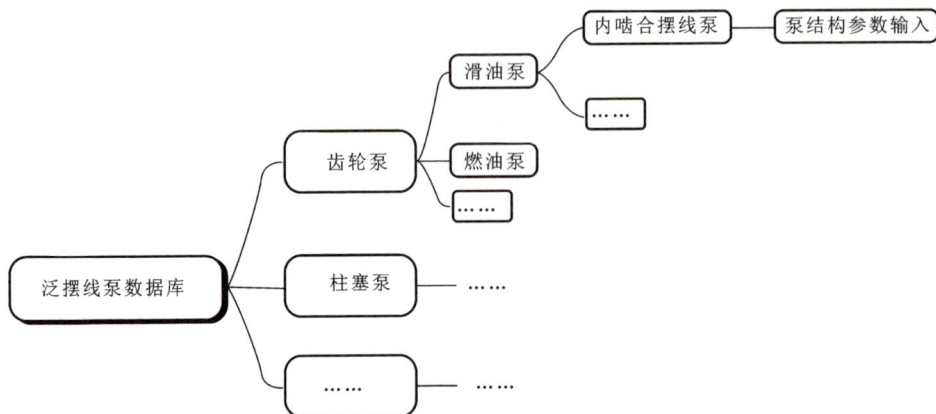

图 6-1　泛摆线泵数据库关系图 1

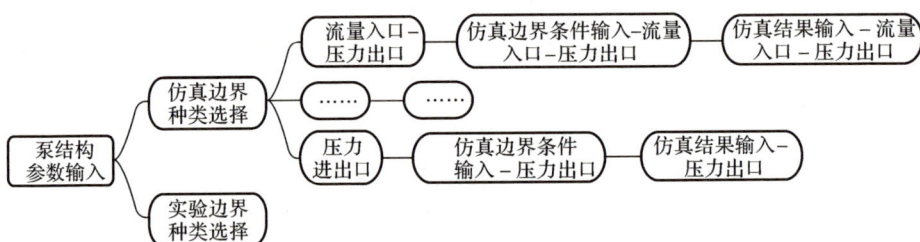

图 6-2　泛摆线泵数据库关系图 2

表
- 泵仿真边界条件种类
- 泵仿真计算结果-流量入口-压力出口
- 泵仿真计算结果-压力进出口
- 泵分类-按工质类型
- 泵分类-按工作原理
- 泵实验工况种类
- 泵实验计算结果-流量入口-压力出口
- 泵实验计算结果-压力进出口
- 齿轮泵分类
- 齿轮泵结构参数
- 仿真边界条件-流量入口-压力出口
- 仿真边界条件-压力进出口
- 实验工况条件-流量入口-压力出口
- 实验工况条件-压力进出口

图 6-3　数据表列表

(1)图 6－4“泵分类-按工作原理”：按照工作原理分类可将泵分为五类，分别为齿轮泵、柱塞泵、叶片泵、螺杆泵和其他。图 6－4 中第一列字段为此表的主键，即第一列中每行内容必须唯一且各不相同。

泵分类-按工作原理

工作原理类型ID	泵结构类型
LEI-1	齿轮泵
LEI-2	柱塞泵
LEI-3	叶片泵
LEI-4	螺杆泵
LEI-5	其他

图 6－4 泵分类-按工作原理

(2)图 6－5“泵分类-按工作介质”：按照工作介质分类可将泵分为四类，分别为滑油泵、燃油泵、气泵、水泵等。图 6－5 中第二列字段为此表的外键，与图 6－4 中表中第一列建立主键-外键关联，这样即可实现在图 6－4 和图 6－5 之间的跨表查询。

泵分类ID	工作原理类型ID	工质类型ID	泵类型
PUMP-01	LEI-1	滑油	齿轮滑油泵
PUMP-02	LEI-1	气体	齿轮燃油泵
PUMP-03	LEI-1	水	齿轮水泵
PUMP-04	LEI-1	燃油	齿轮气泵
PUMP-05	LEI-2	滑油	柱塞滑油泵
PUMP-06	LEI-2	气体	柱塞气泵
PUMP-07	LEI-2	水	柱塞水泵
PUMP-08	LEI-2	燃油	柱塞燃油泵
PUMP-09	LEI-3	滑油	叶片滑油泵
PUMP-10	LEI-3	气体	叶片气泵
PUMP-11	LEI-3	水	叶片水泵
PUMP-12	LEI-3	燃油	叶片燃油泵
PUMP-13	LEI-4	滑油	螺杆滑油泵
PUMP-14	LEI-4	气体	螺杆气泵
PUMP-15	LEI-4	水	螺杆水泵
PUMP-16	LEI-4	燃油	螺杆燃油泵
PUMP-17	LEI-5	滑油	×× 滑油泵
PUMP-18	LEI-5	气体	×× 气泵
PUMP-19	LEI-5	水	×× 水泵
PUMP-20	LEI-5	燃油	×× 燃油泵

图 6－5 泵分类-按工作介质

(3)图 6－6“齿轮泵分类”：根据齿轮的啮合方式可将齿轮泵分为外啮合和内啮合两种；根据齿廓的形状可分为渐开线式和摆线式；图 6－6 的第二列为图 6－5 中表的外键。

齿轮泵分类

齿轮泵结构类型ID	泵分类ID	啮合方式
gear-1	PUMP-1	内啮合-渐开线
gear-2	PUMP-1	内啮合-摆线
gear-3	PUMP-1	外啮合
gear-4	PUMP-2	内啮合-渐开线
gear-5	PUMP-2	内啮合-摆线
gear-6	PUMP-2	外啮合
gear-7	PUMP-3	内啮合-渐开线
gear-8	PUMP-3	内啮合-摆线
gear-9	PUMP-3	外啮合
gear-10	PUMP-4	内啮合-渐开线
gear-11	PUMP-4	内啮合-摆线
gear-12	PUMP-4	外啮合
gear-13	PUMP-5	内啮合-渐开线
gear-14	PUMP-5	内啮合-摆线
gear-15	PUMP-5	外啮合

图 6 - 6　齿轮泵分类

(4)图 6 - 7“齿轮泵结构参数”:包括齿轮泵型号、内外转子齿数、偏心距、弧径系数、创成系数、油槽形状、油槽深度、端面间隙、啮合间隙、外转子齿廓圆半径、泵三维模型、流体域文件等的插入。用户或者设计者可在图 6 - 7 所示的表中直接写入或更新数据,或者通过可视化窗口录入。图 6 - 7 第二列为图 6 - 6 中表的外键。

齿轮泵型号	泵分类ID	齿轮泵结构类型	内转子齿数	外转子齿数	偏心距e	弧径系数h1	创成系数k	齿宽B	油槽形状	油槽深度h2	端面间隙(	啮合间隙(	级数
HY-CL-1	PUMP-1	gear-2	4	5	4.5	0.8	1.644	10	对角式	5	0	0	2
HY-CL-2	PUMP-1	gear-2	4	5	4.5	0.8	1.644	10	对角式	5	0	0	2
HY-CL-3	PUMP-1	gear-2	4	5	4.5	0.8	1.644	10	对角式	5	0	0	2
HY-CL-4	PUMP-1	gear-2	4	5	4.5	0.8	1.644	10	对角式	5	0	0	2
			0	0	0	0	0	0		0	0	0	0

图 6 - 7　齿轮泵结构参数

(5)图 6 - 8“泵仿真边界条件种类”:表格只给出了常用的边界条件种类,大致分为五种。

泵仿真边界条件种类

仿真边界种类ID	入口边界条	出口边界条
cfd-bianjie-1	流量	压力
cfd-bianjie-2	速度	压力
cfd-bianjie-3	压力	压力
cfd-bianjie-4	压力	流量
cfd-bianjie-5	压力	速度

图 6 - 8　泵仿真边界条件种类

(6)表“泵实验工况种类”分类同图 6 - 8 泵仿真边界条件分类。

(7)图 6-9"仿真边界条件-压力进出口":用户或者设计者可在表中直接写入数据。其中仿真边界条件 ID 命名为 cfd-yy-×××-×××××,其中 yy 表示此条仿真边界条件为压力进口或压力出口,×××-××××× 为数字编号,按顺序记录编号即可。

	仿真边界条件ID	仿真边界种类ID	齿轮泵型号	滑油密度(K	滑油动力黏度(Pa*s	空气质量分	转速(rpm)	饱和蒸汽压	入口压力(KPa)	出口压力(K
⊞	cfd-yy-001-00001	cfd-bianjie-3	HY-CL-1	800	0.004	0.000105	5000	20000	60	600
⊞	cfd-yy-001-00002	cfd-bianjie-3	HY-CL-1	800	0.004	0.000105	5000	20000	80	600
⊞	cfd-yy-001-00003	cfd-bianjie-3	HY-CL-1	800	0.004	0.000105	5000	20000	90	600
⊞	cfd-yy-001-00004	cfd-bianjie-3	HY-CL-1	800	0.004	0.000105	5000	20000	100	600
⊞	cfd-yy-001-00005	cfd-bianjie-3	HY-CL-1	800	0.004	0.000105	5000	20000	120	600
⊞	cfd-yy-001-00006	cfd-bianjie-3	HY-CL-1	800	0.004	0.000105	5400	20000	60	600
⊞	cfd-yy-001-00007	cfd-bianjie-3	HY-CL-1	800	0.004	0.000105	5400	20000	80	600
⊞	cfd-yy-001-00008	cfd-bianjie-3	HY-CL-1	800	0.004	0.000105	5400	20000	90	600

图 6-9　仿真边界条件-压力进出口

(8)"实验边界条件-压力进出口":字段内容与"仿真边界条件-压力进出口"类似。

(9)图 6-10"泵仿真计算结果":需要记录的数据主要包含出口流量、容积效率、总效率、压力脉动/流量脉动、云图、实验时间等。表中仿真边界条件 ID(表中第二列)为图 6-9 中表的外键。其中,仿真序号通用编号为 cfd-res1××-×××××;cfd 表示此条记录为仿真计算结果;res 为 result 的缩写,表示记录的为结果信息,1 表示是压力进出口下的计算结果,若为 2 则为流量进口、压力出口下的计算结果;××-××××× 为数字编号,按顺序编号即可。

仿真序号	仿真边界条件ID	出口质量流	出口体积流	容积效率	总效率	流量脉动率	压力脉动率	云图	记录时间	仿真时间
cfd-res101-00001	cfd-yy-001-00001	86.5859	109.646	0	0.8252	0	0		2021/12/2	2021/12/10
cfd-res101-00002	cfd-yy-001-00002	95.8783	121.249	0	0.8699	0	0			
cfd-res101-00003	cfd-yy-001-00003	94.112	119.153	0	0.8595	0	0			
cfd-res101-00004	cfd-yy-001-00004	94.7992	120.022	0	0.8581	0	0			
cfd-res101-00005	cfd-yy-001-00005	97.4091	123.324	0	0.8685	0	0			
cfd-res101-00006	cfd-yy-001-00006	92.6391	117.328	0	0.7934	0	0			
cfd-res101-00007	cfd-yy-001-00007	102.805	130.018	0	0.8422	0	0			

图 6-10　泵仿真计算结果

(10)"泵实验计算结果"字段内容与"泵仿真计算结果"类似。

由以上的表可以看出,对每个表的每条记录都给定了唯一的编号 ID(表的第一列数据)。为两个表中同样字段类型的 ID 建立关系,例如可将表 1"泵分类-按工作原理"中的第一列和表 2"泵分类-按工作介质"中的第二列关联起来。这样如果对表 2 数据的进行修改,表 1 中与之对应的数据也会自动更改。整个数据表之间的关联如图 6-11 所示。

图 6-11 中连线上的 1 和 ∞ 表示一对多的关系,即上级表的一条记录可对应下级表的多条记录。这样将 14 个表中的信息进行了关联,即可对多个表进行交叉查询、删除、更新等操作。一个表的数据发生变更,其余与之相关的表中的对应信息也会与之同步变化。

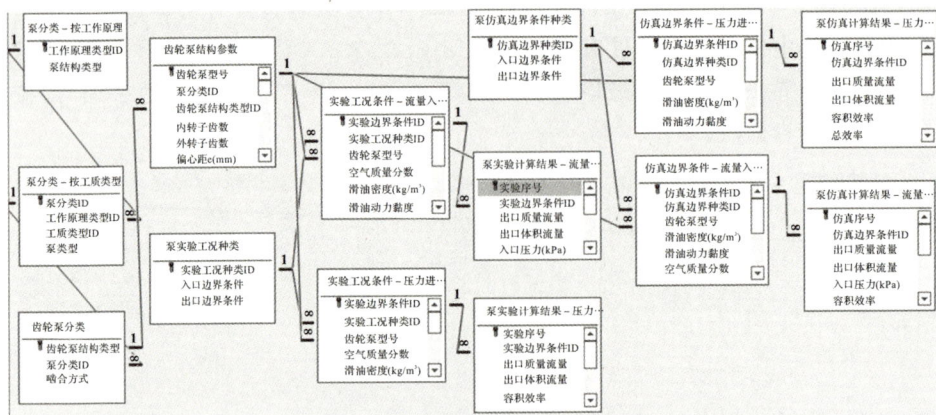

图 6-11　数据表的关联

6.2.3　航空泛摆线泵数据库的功能

将数据库中需要录入数据的内容以可视化窗体的形式展示,用户只需在窗体中输入数据;用户可对所输入的数据进行删除、修改等操作;设置动态查询功能,用户在窗口内输入筛选条件即可生成筛选结果,同时可直接将结果打印或导出。该数据库的主要功能如下:

(1)原始表格数据查阅:如图 6-12 所示,通过点击对应按钮即可查阅底层数据表中的内容,但无法修改。

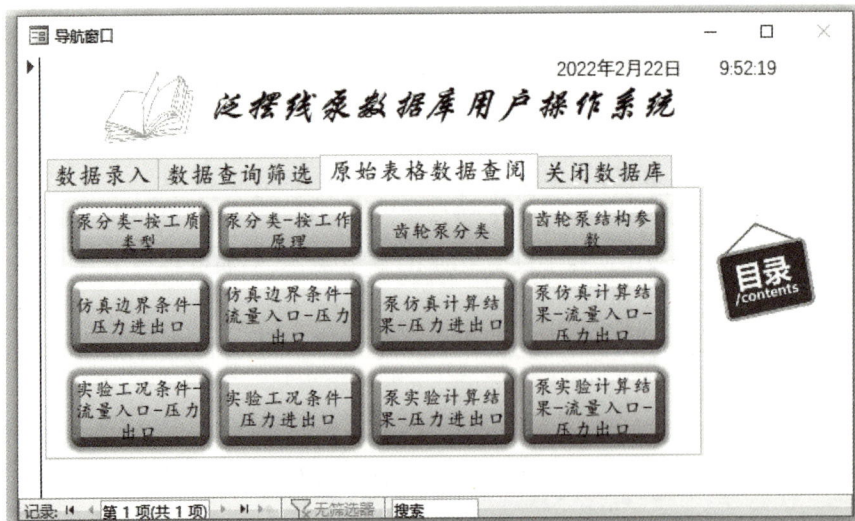

图 6-12　数据库数据查阅界面

(2)数据录入、删除等:用户点击首页中的"数据录入",即可进入数据录入界面,如图 6-13 所示,一条完整的数据录入分为结构信息录入、边界条件录入及结果录入三部分。

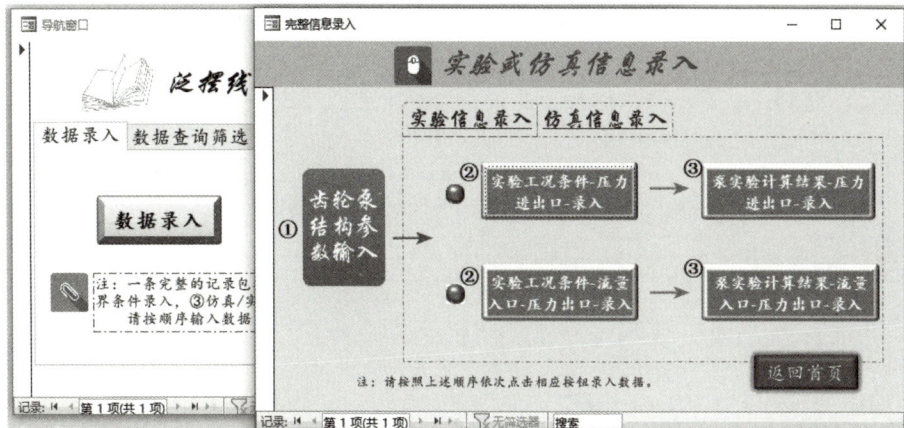

图 6-13　数据库数据录入界面 1

如图 6-14 所示,用户可在如下界面进行泵结构信息的录入、删除、修改等操作。

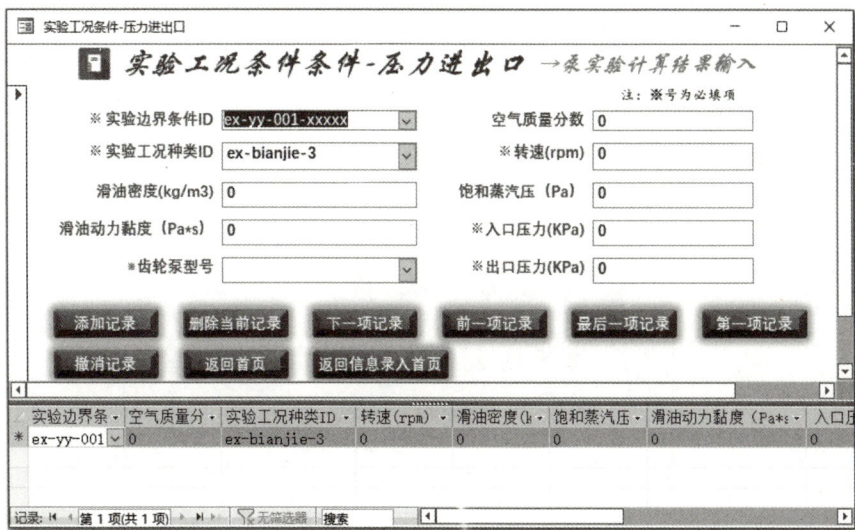

图 6-14　数据库数据录入界面 2

(3)动态查询功能:图 6-15 为结构及仿真计算结果数据动态查询界面,通过给定筛选条件,点击查询即可生成查询结果。常见的符合设计要求的筛选参数如图 6-15 所示。

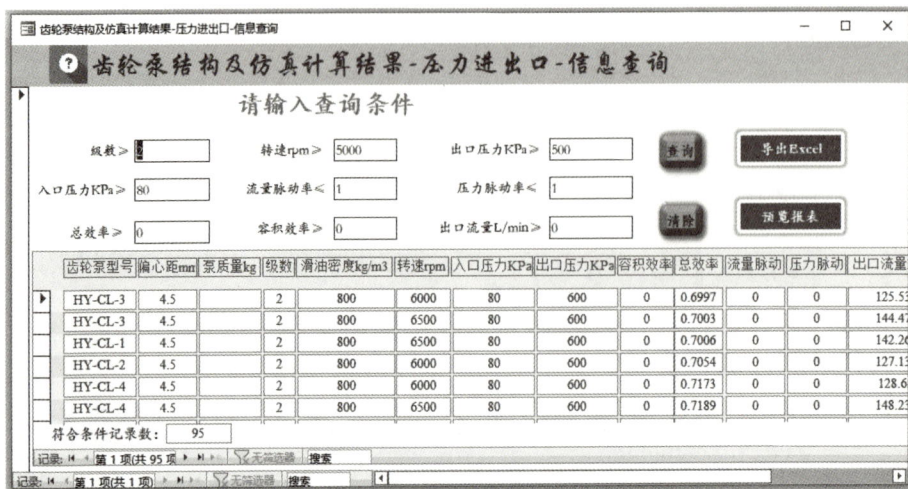

图 6-15　数据库数据动态查询界面

(4)报表生成:如图 6-15 所示,可对筛选出的结果进行 Excel 导出,或者进行打印预览等操作。

(5)登录系统:创建用户信息表,包含用户名和密码;创建登录窗体,将密码和用户名文本框关联至用户信息表对应字段。用户登录,输入用户名和密码,系统会自动将用户输入的用户名和密码与用户信息表中的信息作比较,若用户名和密码相同,则进入数据库界面。登录界面如图 6-16 所示。点击登录即可进入数据库系统首页,然后进行相关操作。

图 6-16　数据库数据登录界面

6.2.4 航空泛摆线泵数据库的使用

使用此数据库必须安装 2006 及以上版本 Office 组件下的 Access 软件,打开数据库后,系统会提示安全警告:"部分活动内容已被禁用,单击此处了解消息信息。"用户点击消息栏上的"启用内容"按钮即可解除阻止的内容,打开数据库。此方法可以启用该数据库中的宏,但是当关闭该数据库并重新打开时,Access 将继续阻止该数据库中的宏。

完全解除宏限制,可以单击"文件"—"更多"—"选项"—"信任中心"—"信任中心设置"—"宏设置",出现图 6 - 17 所示界面,选择启用所有宏。

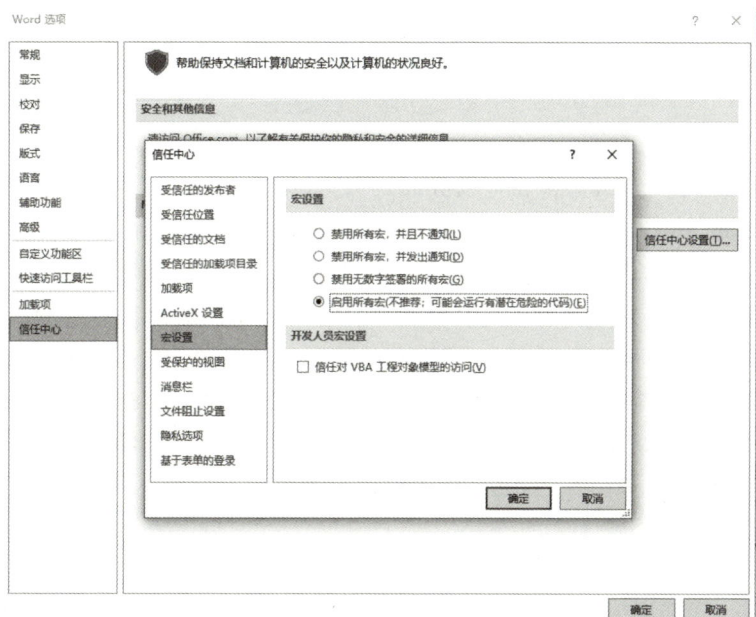

图 6 - 17 宏启用设置界面

第一次启动数据库后,单击"数据库工具"—"Visual Basic",进入 VBA 窗口,单击"工具"菜单中的"引用"命令,弹出引用对话框,选择"Microsoft ActiveX Data Objects 2.5 Library",然后点击"确定"按钮。设置完成后,之后每次进入该数据库即可直接进行内容操作。具体操作即使用说明如下:

(1)导航首页:打开该数据库,系统会自动进入登录界面,输入给定用户名的密码,点击登录即进入导航界面首页,如图 6 - 18 所示。导航界面首页分为四部分(图中圈起来的部分),录入新数据点击数据录入,进入数据录入界面,按顺序录入即可。其他界面操作点击对应按钮即可,此处不赘述。

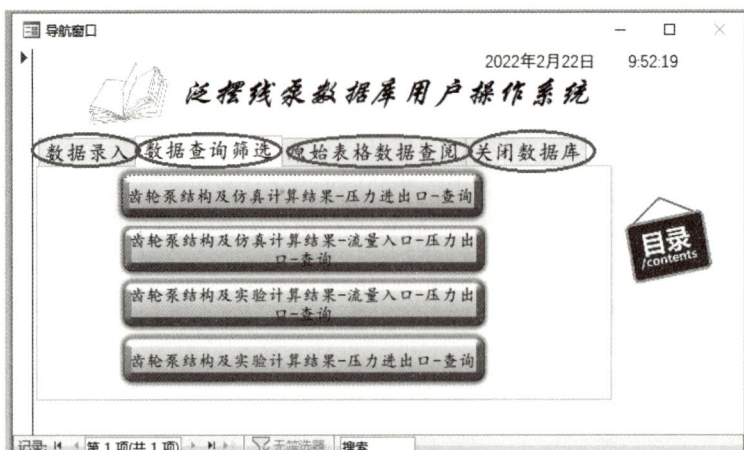

图 6－18　导航界面首页

　　(2)数据录入、删除:点击导航界面首页"数据录入"按钮,进入实验或仿真信息录入界面,如图 6－19 所示。用户需按照界面中的标号顺序,依次点击对应按钮,输入记录信息;输入完齿轮泵的结构参数后,应注意要记录的是实验结果还是仿真结果,是压力进出口还是流量入口-压力出口,然后点击对应的按钮进入相应的界面,进行输入。例如,一条完整的记录包括三部分信息录入,具体为:某型号齿轮泵结构参数录入—泵仿真边界条件-压力进出口-数据录入—泵仿真计算结果-压力进出口数据录入。具体参数录入以仿真边界条件-压力进出口-数据录入界面为例,如图 6－20 所示,图中标星号的为必须输入项,其他项如果不清楚具体数据可不输入。

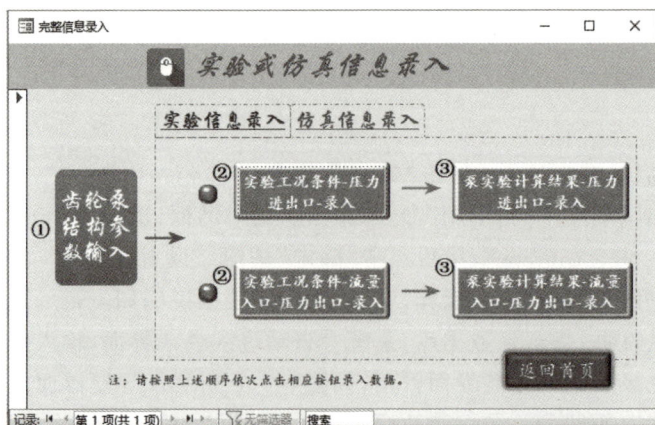

图 6－19　数据录入首页

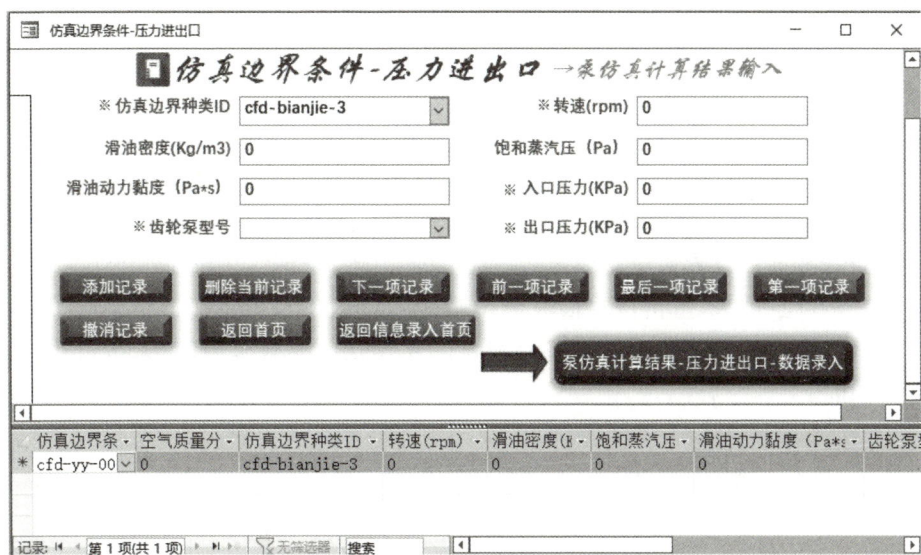

图 6-20 仿真边界条件-压力进出口-数据录入

个别项,如仿真边界条件 ID 的填写,可将鼠标悬停在对应项文本框内 1 s,即出现对该项内容的注释,用户可根据注释填写对应项内容。其中每个文本框内要填的数字都有范围限制,若用户填写了超出范围的数字,系统会弹窗提示,如图 6-21 所示。

图 6-21 数据超范围提示

在图 6-20 界面中点击对应按钮,可对新录入的数据进行撤销、删除、保存等操作,同时用户也可在该界面下方表格内直接对数据进行录入、修改、删除等操作。边界条件录入完成,用户可点击"返回信息录入首页"或者该界面下方的红色按钮"泵仿真计算结果-压力进出口-数据录入"进入该仿真边界条件对应的"仿真结果信息录入界面"。

仿真或实验结果信息录入注意事项同边界条件录入,此处不赘述。

(3)数据筛选、报表打印等:用户在导航首页单击"数据查询筛选"选择相应要查询的分类(仿真/实验-压力进出口/流量入口-压力出口),进入相应界面,以"齿轮泵结构及仿真计算结果-压力进出口-信息查询"为例,如图 6-22 所示。用户可在界面内设置对应物理量的筛选范围,点击"查询",在该界面下方即会出现对应的筛选结果,点击该界面右侧按钮"导出 Excel",可将筛选结果以 Excel 的形式导出至选择位置进行查看。若要恢复默认的参数范围筛选,则点击"清除"按钮。

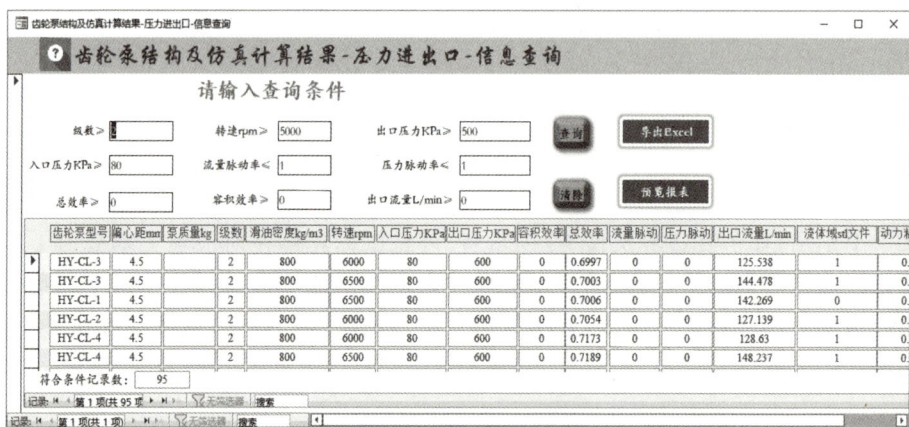

图 6-22　数据筛选

(4)关闭数据库:返回数据库导航首页,点击"关闭数据库"或者"退出 Access 并保存数据"按钮即可。

6.2.5　数据的录入

以针对本书建立的航空泛摆线泵数据库系统为例,一条完整的信息记录需要录入的内容如下:

(1)泵的种类(齿轮泵)。

(2)泵的工作介质(滑油)。

(3)泵的齿轮啮合方式(内啮合)。

(4)泵齿廓的形状(摆线)。

(5)泵的结构参数(内外转子齿数、偏心距、齿宽、泵型号、级数、弧径系数、创成系数、泵进出口面积、外齿轮齿根圆半径)、泵的三维模型和流体域文件的导入等。

(6)泵仿真/实验条件:压力进口××kPa,压力出口××kPa,滑油密度,动力黏度,空气质量分数,转速,滑油饱和蒸气压等;

(7)泵仿真/实验结果:出口体积流量××L/min,出口质量流量××kg/m³,容积效率,总效率,流量/压力脉动率,出口压力脉动曲线(图片导入),云图等。

6.3 航空泛摆线泵的设计、优化流程

航空泛摆线泵的优化设计包括转子、泵进出油口、转子两侧隔板等影响流场特性的主体结构优化设计。通过设计、优化结构,可以改善或者使航空泛摆线泵的流量、效率脉动等关键性能指标满足要求。在本节的优化设计过程中,泵结构参数的设计取值范围及变化规律大部分来自前期建立的航空泛摆线泵数据库的支持,通过航空泛摆线泵数据库能够进行针对某一结构参数对应的泵的模型结构、工况及性能结果的查询、筛选、分类、对比和分析等。若能够根据性能指标搜索数据库找到现有的泵(能够满足其指标要求),则无需再进行设计。若无法找到,则可对根据筛选得到的相对满足条件的泵进行优化改型。

6.3.1 转子的设计和优化流程

本小节针对泛摆线泵的转子特性及流量公式,提出航空泛摆线泵转子设计、优化流程。如图 6-23 所示,主要的设计步骤如下:

(1)根据设计航空泛摆线泵的设计要求(比如流量、流量脉动或压力脉动、容积效率、总效率、泵的体积等)和工况参数(进口和出口边界条件、工作介质物性、转速等)选择合适的齿数;

(2)考虑流动相关、强度因素及其他限制条件等选择合适的转子宽度;

(3)通过选定合适的创成系数 k 及弧径系数 h 来确定偏心距 e;

(4)根据 k、h、e 等计算转子齿廓的其他相关参数;

(5)计算内外转子的齿顶圆和齿根圆半径等;

(6)进行宽径比验证,看其是否在合理范围内,若不在,可返回至第(2)步,重新改变转子宽度值;

(7)对选定的参数进行转子过尖、过切验证。若不满足要求,则需要改变转子的创成系数 k、弧径系数 h 或者齿数等,推荐优先改变 k 和 h 的值。

(8)若上述条件都满足,则可根据选定的设计参数及转子的齿廓曲线方程进行转子区域的建模。

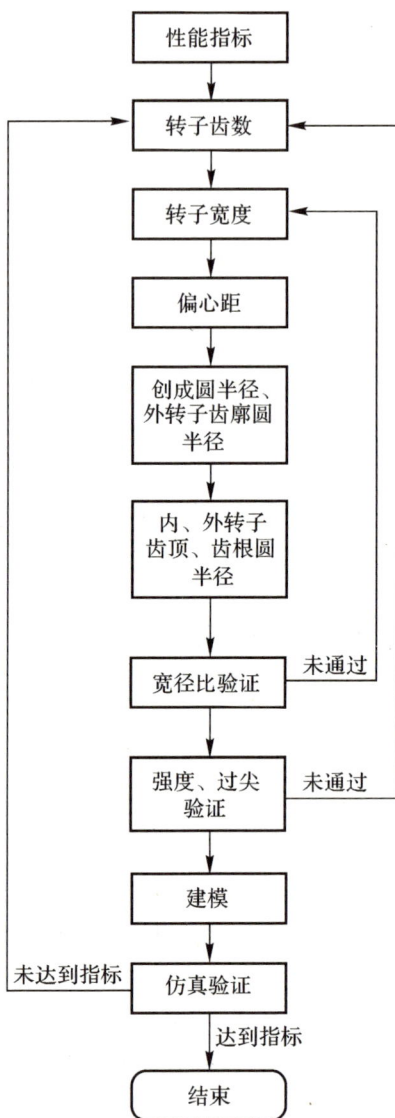

```
        ┌──────────┐
        │  性能指标  │
        └────┬─────┘
             ↓
   ┌──→┌──────────┐←──┐
   │   │  转子齿数  │   │
   │   └────┬─────┘   │
   │        ↓         │
   │  ┌──────────┐←─┐ │
   │  │  转子宽度  │  │ │
   │  └────┬─────┘  │ │
   │       ↓        │ │
   │  ┌──────────┐  │ │
   │  │  偏心距   │  │ │
   │  └────┬─────┘  │ │
   │       ↓        │ │
   │ ┌──────────┐   │ │
   │ │创成圆半径、│   │ │
   │ │外转子齿廓圆│   │ │
   │ │   半径    │   │ │
   │ └────┬─────┘   │ │
   │      ↓         │ │
   │ ┌──────────┐   │ │
   │ │内、外转子 │   │ │
   │ │齿顶、齿根圆│   │ │
   │ │   半径    │   │ │
   │ └────┬─────┘   │ │
   │      ↓         │ │
   │ ┌──────────┐未通过│ │
   │ │ 宽径比验证 │──┘ │
   │ └────┬─────┘     │
   │      ↓           │
   │ ┌──────────┐未通过 │
   │ │强度、过尖 │──────┘
   │ │   验证    │
   │ └────┬─────┘
   │      ↓
   │ ┌──────────┐
   │ │   建模    │
   │ └────┬─────┘
   │未达到指标  ↓
   └──┤ ┌──────────┐
      │ │  仿真验证  │
        └────┬─────┘
          达到指标↓
        ┌──────────┐
        │   结束    │
        └──────────┘
```

图 6-23　泛摆线泵设计流程

1. 性能指标

性能要求包括设计流量要求、流量脉动及压力脉动、泵的体积要求以及进出口流速要求等。

（1）流量要求。

在设计航空泛摆线泵时,已知供油流量和转速,可估算出泵的设计流量。排量的近似计算基于假设:齿间的工作容积与轮齿的有效体积相等,则齿轮泵每转排量等于主动轮的所有齿间工作容积与所有轮齿有效体积之和,即等于主动齿轮齿顶圆与齿根圆之间的环形圆柱体的体积。近似的排量与转速相乘得到的近似的流量理论公式为

$$Q_{th}=Q/\eta_v=\pi(r_{a1}^2-r_{f1}^2)Bn\times10^{-6} \qquad (6-1)$$

式中:Q_{th}——设计流量(L/min);

$\quad Q$——实际流量(L/min);

$\quad n$——转速(r/min)。

式中的未知物理量为实际供油流量 Q、容积效率 η_v、转子宽度 B、内转子的齿根圆半径 r_{f1} 及齿顶圆半径 r_{a1}。

其中,内转子的 r_{f1} 和 r_{a1} 需要由转子的设计参数偏心距 e、齿数 z、弧径系数 h 和创成系数 k 来确定,转子宽度结合实际工况按照经验来选取。此处可通过航空泛摆线泵数据库来查询相同或者类似工况的泛摆线泵的转子宽度大概在什么范围,确定转子宽度的初步取值范围。

根据先前计算以及已有的泵实验的结果,可知容积效率 η_v 的范围一般在 0.6～0.95 之间。η_v 主要受泵内间隙、工作油压、油液黏度的影响。其中,影响泵容积效率的最主要因素为泵的端面间隙大小。当其他条件不变时,端面间隙增加将导致容积效率降低,当端面间隙增加至 0.15 时,容积效率可降至 0.6 左右。总之,η_v 的选取应该根据泵的介质、工作状态、间隙、压力等具体情况进行。当压力较高、黏度较低、间隙较大时,η_v 取小值,反之取大值。表 6-1 和表 6-2 为同结构航空泛摆线滑油泵的不同端面间隙下的容积效率(对数据库的相关数据进行筛选后得到的部分数据)。工作介质为 4106 号航空润滑油,滑油温度为 40～80 ℃。这些数据供设计者初步选取、参考。

表 6-1　不同端面间隙、不同转速下的容积效率(进出口压力 80～500 kPa)

转速/(r·min⁻¹)	端面间隙/mm				
	0.05	0.08	0.10	0.12	0.15
3 000	94.76%	87.51%	80.55%	70.70%	59.37%
4 000	96.22%	90.48%	85.28%	79.42%	69.85%
5 000	97.97%	93.38%	89.05%	84.17%	76.12%
6 000	99.12%	95.09%	91.51%	87.24%	80.57%

续表

转速/(r·min⁻¹)	端面间隙/mm				
	0.05	0.08	0.10	0.12	0.15
7 000	99.95%	96.48%	93.34%	89.46%	83.87%

表 6-2　不同端面间隙、不同转速下的容积效率(进出口压力 80～800 kPa)

转速/(r·min⁻¹)	端面间隙/mm			
	0.03	0.05	0.08	0.10
3 000	94.06%	91.35%	80.69%	70.49%
4 000	96.18%	94.48%	85.91%	78.42%
5 000	99.91%	97.23%	89.83%	83.27%
6 000	99.48%	97.38%	91.75%	86.77%
7 000	99.41%	98.10%	93.31%	89.02%

转速 3 000～7 000 r/min、进口压力 80 kPa、出口压力 500～800 kPa、端面间隙 0～0.15 mm 的工况下，滑油泵的容积效率可由表 6-1 和表 6-2 中的数据插值计算得到。转速、出口压力、端面间隙等稍微超出上述范围的，也可用外插方法得到近似值。若进口压力小于 80 kPa，在其他条件不变的情况下，容积效率降低。对于其他工况条件下的容积效率的变化规律，读者可参考相关文献。

(2)流量脉动及压力脉动要求。

流量脉动会引起压力脉动，并使泵产生噪声和振动，同时影响泵后元件的工作稳定性，其主要受转子齿数和转速影响。目前关于航空泛摆线泵流量脉动的经验公式很多，但适用性都很差，误差也较大。设计泛摆线泵时，若有脉动要求限制，则可根据初步转子结构计算下的脉动结果来调整转子齿数或者结构参数。

(3)泵的体积要求。

若以外转子的齿根圆所在圆柱体计算泵体积，它的大小基本可以反映摆线泵的总体积大小，则泵的体积计算公式见 3.2.4 节式(3-10)。

(4)进出口流速要求。

进口流速要求见 6.3.3 节。

2. 齿数选择

航空泛摆线泵转子齿数的多少主要影响泵的脉动、啮合状态、容积效率、泵的重量等。

增加齿数,可减小压力和流量脉动,减小内外转子的相对滑移速度,减小齿面磨损,降低传动效率;减少齿数,可增大单位体积排量,但流量脉动和压力脉动也增大。所以对于油液自身润滑性差和转速高的泵,宜选用多齿转子;追求高容积效率、小的泵重量和体积的,则宜选取少齿数。

内转子应尽可能选取偶数齿,其脉动低于奇数齿。内转子的齿数一般推荐 4~8 齿之间。一齿差泛摆线滑油齿轮泵外转子的齿数则为 5~9 齿。转子齿数也是计算其他转子结构参数的基础。

3. 转子宽度常见范围及选择经验(4~12 mm)

图 6-24 为某(单级)航空泛摆线泵内转子结构,图中标注的尺寸为转子宽度 B。根据指标条件进行数据筛选,初步可知,目前成熟应用的航空泛摆线泵的转子宽度 B 一般在 4~12 mm 之间。

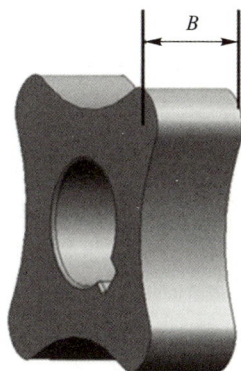

图 6-24　内转子结构示意图

转子宽度对泵性能有重要影响,要求其不能过大或者过小。宽度小一些的转子自吸能力强,但宽度过小会增大泄漏,且易发生变形,受力不好,一般不宜小于 1.5 mm;增大宽度对减小泄漏、提高容积效率有利,但宽度过大,则会造成齿间油腔过深,油液来不及填充而造成填充损失,反而导致容积效率下降,极易发生气蚀。齿宽过大,为了保证轮齿啮合时接触良好,沿齿宽方向的加工精度要求也会变高,大大增加加工难度。

转子宽度不能一次就选定,而是根据泵整体体积要求等因素进行初选,同时验证宽径比。

根据仿真计算可知,单级泵的转子宽度从 8 mm 增加至 12 mm,流量增幅约在 45%~50%,脉动值增幅很小。转速大于 7000 r/min 时,建议转子宽度最大为 10 mm。

当泵入口压力较低或者转速较高时,由于油槽的轴向进油,转子厚度增加来不及受到充油的限制,因此可在此基础上进一步缩小转子宽度值。相同转速下,薄转子的流量特性与高空性能要好些。

当进出口压差较大时,转子宽度可适当增加,以提高其强度。

4. 偏心距的选取

基于前期建立的航空泛摆线泵数据库,通过对数据的筛选可知,对于航空内啮合泛摆线泵,其偏心距一般在 $1 \sim 5$ mm 之间。

偏心距越大,泵的排量越大,但齿轮的啮合会变得不稳定,容易出现卡死、磨损等故障,且增加噪声和振动,使泵出口脉动增大。虽然偏心距变大能提供更大的流量和压力,但也会增加泵的能耗。这是因为较大的偏心距需要更多的能量来驱动齿轮的啮合。因此,在追求高流量和高压力的同时,也需要考虑泵的效率和能耗问题。

图 6 - 25 为某(单级)航空泛摆线泵内外转子结构,图中内外转子中心轴线间的垂直距离即偏心距为 e。有

$$r_{a1} = (k-h)z_2 e + e \tag{6-2}$$

$$r_{f1} = (k-h)z_2 e - e \tag{6-3}$$

将式(6-2)和式(6-3)代入式(6-1)可得泵的设计流量为

$$Q_{th} = Q/\eta_v = 4\pi B e^2 z_2 (k-h) n_1 \times 10^{-6} \tag{6-4}$$

式中:n_1——内转子(主动轮转速)。

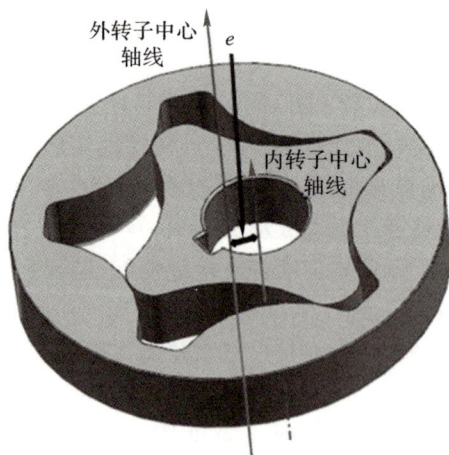

图 6 - 25   内外转子偏心距示意图

已知宽度 B、外转子齿数 z_2、内转子转速,若再已知创成系数 k 和弧径系数 h 的值,即可初步确定偏心距 e 的值。

创成系数 k 的取值一般为 $1.1\sim1.8$,$h=0.2\sim0.95$。比较成熟的齿数组合对应的 k 和 h 的值见表 $6-3$。设计的时候可参考表 $6-3$ 或者已经设计成熟的产品的 k 和 h 的值,或在原有基础上尝试逐渐变动。表 $6-3$ 的数据来源于航空泛摆线泵数据库,详细内容见 6.2 节。

表 6-3 常见齿数组合对应的 k 和 h

齿数组合	k	h
3×4	1.436 1	0.790 2
3×4	1.561 6	0.919 8
4×5	1.324 3	0.584 7
4×5	1.357 4	0.618 5
4×5	1.675	0.803 8
4×5	1.6	0.8
4×5	1.644 4	0.8
4×5	1.658 4	0.713 48
5×6	1.253 2	0.451 4
5×6	1.239 4	0.437 5
6×7	1.184 7	0.340 7
6×7	1.168 5	0.341 7
6×7	1.275 5	0.417 2
6×7	1.43	0.54
6×7	1.3	0.35
6×7	1.406 4	0.505 7
7×8	1.143 7	0.267 1
7×8	1.220 2	0.357 8
8×9	1.122 0	0.225 6
8×9	1.562 4	0.406 1
8×9	1.169 4	0.283 2

偏心距 e 的大小决定节圆半径的大小、泵的流量,是泛摆线泵的重要参数,类似渐开线齿轮的模数。待经验成熟后,可制定相应的标准,类似渐开线的标准模数序列,来规范泛摆线泵的设计。为了设计制造方便,可以试取偏心距为标准数列,参照齿轮模数的值来选取,即取 $e=1,1.25,1.5,1.75,2,2.25,2.5,2.75,3,3.25,3.5,3.75,4,\cdots$。一旦先确定出偏心距,则可以反向估算创成系数和弧径系数的值。

一般来说,额定转速高的转子偏心距较小,额定转速低的转子偏心距较大。这是因为转速过高,偏心距过大,则轴上受到的径向力不平衡的情况更严重,可能会使轴发生弯曲甚至断裂。根据航空泛摆线泵数据库的筛选统计,目前已有的泛摆线泵的参数可得到大概的转速和偏心距的匹配范围是:转速 $\geqslant 8\,000$ r/min 时,$e\leqslant 3$,且内转子齿数一般最少是 6。转速 $\leqslant 8\,000$ r/min 时,如果为了保证较大的排量,e 一般可以取到 3 mm 以上,且内转子齿数可以取到 4。

5. 创成圆半径、齿廓圆弧半径及其他相关参数计算

选取偏心距并确定好创成系数 k 和弧径系数 h 后,再结合以下两式确定创成圆半径 L 和外转子齿形圆半径 R,即

$$L=kr_2 \tag{6-5}$$

$$R=hr_2 \tag{6-6}$$

6. 齿顶圆、齿根圆半径计算

确定好创成圆半径、外转子齿形圆半径后,根据 2.3.2 节各参数间的几何关系式(2~13)~式(2-12)确定出内转子齿顶圆半径 r_{a1}、内转子齿根圆半径 r_{f1}、外转子的齿顶圆半径 r_{a2}、外转子齿根圆半径 r_{f2}。

7. 宽径比验证

转子宽度对泵性能的影响在前面已作陈述。初选的转子宽度是否合适,需由宽径比进行初步校验。宽径比定义为

$$\lambda=B/(2r_{a1}) \tag{6-7}$$

国内文献资料显示,$\lambda=0.16\sim1.52$,比较集中的范围为 $\lambda=0.6\sim0.8$,小值适合高速泵。

根据目前的设计经验,针对内转子转速在 6 000 r/min 及以上的摆线泵,粗略统计宽径比 λ 对效率 η_v 的影响曲线:进出口压差减小,整体效率可适当提高;压差增大,整体效率要适当下降。

影响宽径比选择的重要因素是转速。对于高速泵,宽径比应尽量小,推荐宽径比范围为 0.16~0.35。

8. 转子结构（顶切、过尖等）强度验证

根据上述计算出的转子参数值，已经可以绘制出转子结构的三维模型了，但为了保证内外转子能够安全、可靠地啮合传动，仍要使设计的转子不发生顶切、过尖，啮合过程不发生齿轮损坏等情况。以下是保证转子安全可靠啮合传动的必要条件。

泛摆线泵的实际齿廓曲线是短幅外摆线的内等距曲线，短幅外摆线是摆线泵的理论齿廓曲线，实际齿廓曲线的曲率半径 ρ 为

$$\rho = \rho_0 + R \tag{6-8}$$

短幅外摆线不产生尖角和顶切的条件为

$$|\rho_0|_{\min} = r_2 \sqrt{\frac{27 z_1 (k^2 - 1)}{(z_2 + 1)^3}} \tag{6-9}$$

$$R < |\rho_0|_{\min} \tag{6-10}$$

式中：R——等距曲线的等距值，也是圆弧齿轮的齿形圆半径。

ρ_0——短幅外摆线理论齿廓的曲率半径。

摆线齿廓不产生顶切的条件为

$$h < \sqrt{\frac{27 z_1 (k^2 - 1)}{(z_2 + 1)^3}} \tag{6-11}$$

在转子的齿数 z_1、z_2 和短幅系数 k 确定以后，可根据式（6-11）来选择弧径系数 h。

式（6-8）～式（6-11）的理论推导详见相关文献。

在啮合中摆线齿轮副的接触齿面要传递扭矩、克服液压阻力和摩擦阻力做功，若接触强度不满足要求，齿面将会快速磨损，从而降低密封性能，导致容积效率的急剧下降，严重时甚至影响正常的啮合传动[88]。卞学良[89]给出了摆线齿轮副齿面接触强度的约束函数[见式（6-12）]。

内外转子齿轮接触强度公式：

$$\sigma_k = 0.418 \sqrt{\frac{E}{B}} \sqrt{\frac{4T \sqrt{27(z_2-1)\left[1+\left(\frac{L}{z_2 e}\right)^2\right]}}{e^2(z_2-1)\lambda z_2 \sqrt{27(z_2-1)\left[1-\left(\frac{L}{z_2 e}\right)^2\right]} - \lambda^2 \left(\frac{L}{z_2 e}\right)\sqrt{(1+z_2)^3}}} \tag{6-12}$$

式中：σ_k——齿面最大接触应力；

T——输入扭矩；

E——材料的当量弹性模量，钢对钢，取 $E = 2.1 \times 10^5$ MPa；

      B——齿宽；

      λ——针齿系数 R/e；

  $[\sigma_k]$——许用接触应力，取 $[\sigma_k]=100$ MPa。

根据设计参数计算出的齿轮接触强度需小于齿轮材料的许用接触应力，即

$$\sigma_k \leqslant [\sigma_k] \tag{6-13}$$

目前摆线转子泵多采用粉末冶金材料的内外转子，材料强度和耐磨性与钢制转子有差异，加上油液作用，齿面接触强度直接沿用摆线针轮啮合传动中避免齿面点蚀和胶合失效的齿面接触强度计算公式[式(6-12)和式(6-13)]，将会产生较大误差[90]。更准确的齿面接触强度分析可采用动力学仿真。可参考袁文华、邓新源等的工作[91-92]采用有限元方法进行内外转子动力学接触分析，验证所设计的内外转子是否满足接触强度要求。

由于航空泛摆线滑油泵一般压力级不高，且前期给定的弧径系数 h 和创成系数 k 的取值范围在一定程度上保证了齿面接触强度，因此前期设计泛摆线泵参数时，可先不考虑齿面强度验算。

9. 转子建模及仿真

目前 UG 等三维建模软件中尚无专门的摆线建模模块。在确定上述各参数后，可按式(2-3)～式(2-6)进行内转子齿廓建模。

通过以上公式，可生成泛摆线内转子齿廓曲线，然后使用三维建模软件即可进行三维建模。结合创成圆半径、外转子齿形圆半径，即可建立外转子模型。通过装配内外转子、内部隔板、壳体部件等，可获得完整的泵模型。最后反向提取流体域。

在完成以上步骤后，即可应用专业流场仿真软件 Pumplinx、Fluent 等对设计结果进行验证。若结果合适，即可进入工程设计阶段。若结果不能满足要求，则需要进行优化改进或重新设计，即调整齿数 z、转子宽度 B、偏心距 e、弧径系数 h、创成系数 k 中的一个或者多个物理量的值。

6.3.2 油槽(隔板)常见结构及设计经验

隔板零件的功能是：与各级泵内外转子、偏心衬套形成密闭容积腔，并对进出油液起到分油的作用。其结构直接影响着滑油泵的性能，尤其在高转速的状态下，更是对产品工作性能有着至关重要的影响[86-87]。若在内外转子未形成最大容积之前，已形成密闭容积腔或已与出油槽相通，将导致航空泛摆线滑油泵的效率下降。高转速、高空状态将造成进口填充不足，泵性能急剧下降，出口压力脉动过大，且易发生"气穴"，对整个滑油系统产生气蚀、噪声、振动等危害。在隔板结构设计时，综合考虑内外转子的设计参数，建立三维数模装配体，通过运转仿真分析，减少隔板的无效密封面积，改善滑油泵进口填充情况，从而确定合理

的隔板结构参数。常见的隔板三维数字模型如图 6-26 所示。

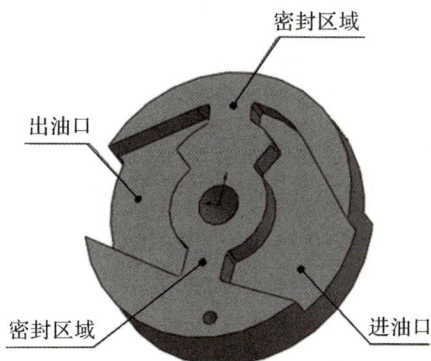

图 6-26 航空泛摆线泵隔板模型

隔板(油槽)的设计包括截面外形设计和深度设计,以及进油方式(轴向单面/双面进油)的确定。

1. 隔板(油槽)截面外形设计的一般原则

在内外齿轮啮合形成最大容积腔前,应保证进出油槽不沟通,以防止油液从高压区,通过各种配合间隙,泄漏到低压区,导致流量下降,容积效率降低。同时要尽量延长充填油时间,使齿间体积腔充满油液。

进排油腔窗口通常呈月牙状布置在泵体或泵盖上。一般月牙状油腔的内缘是以内转子的回转中心 O_1 为圆心、以内转子的齿根圆半径 r_{f1} 为半径的圆弧;而月牙状油腔的外缘则是以外转子的回转中心 O_2 为圆心、以外转子的齿根圆半径 r_{f2} 为半径的圆弧。图 6-27 中虚线区域为进排油腔窗口截面。

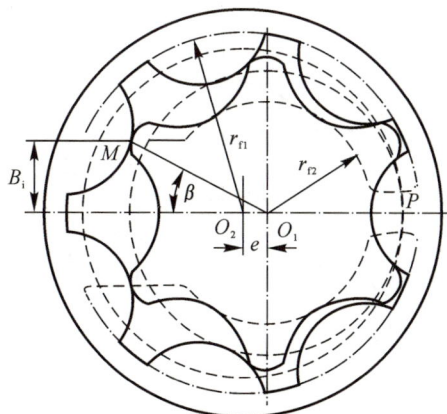

图 6-27 航空泛摆线泵齿廓及进排油腔窗口截面

图 6-28 为图 6-27 对应的进排油腔的截面外形。A 处与 B 处将进出油腔隔离开,防止进出口沟通。如图 6-27~图 6-29 所示,尺寸 A_i 或者角度 α_i 是内外转子啮合至齿间容积最小时,内转子一齿与外转子两齿两啮合点的距离或角度;尺寸 B_i 或角度 β_i 是内外转子齿间容积最大时(即由吸油过程向排油过程转换的临界位置),内转子两齿与外转子两齿两啮合点间的距离或角度。

尺寸 A_i 的选取暂无简洁的计算方法,需在设计时由作图法确定。

尺寸 B_i 的大小需满足

$$B_i \geqslant 2r_{a1} \sin \frac{180°}{z_1} \tag{6-14}$$

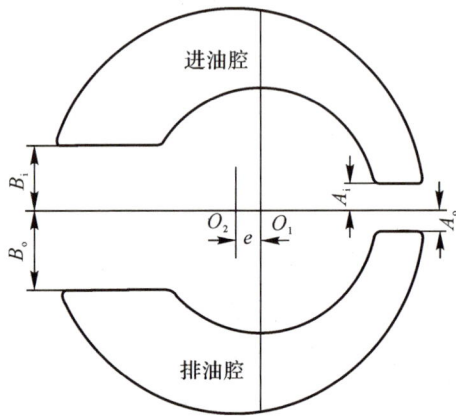

图 6-28　航空泛摆线泵进排油腔截面外形(1)

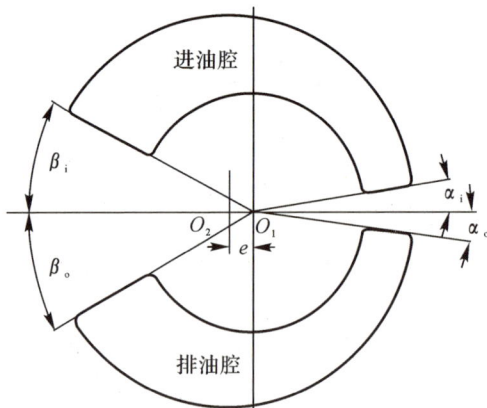

图 6-29　航空泛摆线泵进排油腔截面外形(2)

为了得到更好的泵性能,可利用油液的流动惯性将 B_i 或 β_i 适当减小,因为这样有利于惯性进油,提高容积效率。而 A_i 或 α_i 可适当加大,以增加进、排油腔间的密封区宽度。为便于加工,曲线连接处可用圆角过渡,圆角半径一般取 $2\sim5$ mm。

目前常见的隔板结构有三种,其油槽结构如图 6-30 所示。根据目前研究发现,对角式结构泵的性能优于平行式和夹角式[93-94],其既能够延长进出油时间,最大限度完成吸油过程,又能有效密封进出油口,从而达到好的高空性能,但其会使地面工况下滑油泵容积效率稍有下降。

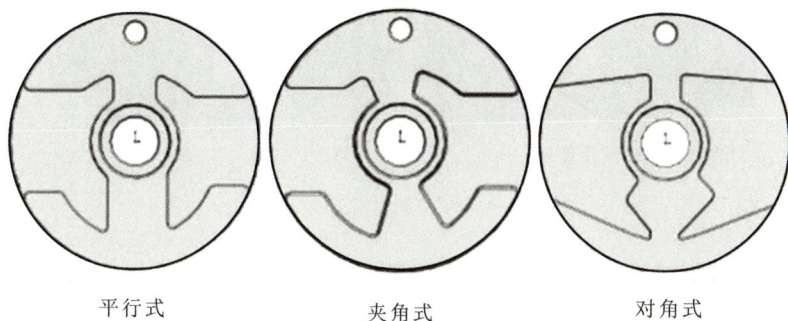

平行式　　　　　　　夹角式　　　　　　　对角式

图 6-30　航空泛摆线泵进排油腔的三种截面外形

2. 油槽深度 H 的设计

油槽深度应保障进出油槽有足够的油液填充齿间,应保证单位时间内从进油管经油槽流到齿间油腔的流量等于泵的额定流量。因此可用如下公式初步确定油槽深度,即

$$dHv_1=q \tag{6-15}$$

式中: d——油槽口进油宽度;

H——油槽深度,如图 4-20 所示;

v_1——油槽口油液速度,通常取 $4\sim6$ m/s,也可根据油槽的平均宽度大致估算;

q——泛摆线泵的流量。

航空泛摆线滑油泵的油槽深度一般小于 10 mm。油槽的深度可由相关文献的一系列经验关系式大致确定。

整理前期研究结论发现:对于纯油流动,油槽深度从 4 mm 增加至 8 mm(转子宽度为 10 mm,双面进油),对容积效率几乎无影响;但当油液中含有杂质气体时,不凝结气体导致空化明显加剧,此时油槽的深度将会对容积效率有一定程度的影响,尤其是转速较高时,影响稍明显。

3. 进油方式的选择(轴向单面/轴向双面)

轴向单面进油指从转子的一个端面进油,双面进油指从转子的两个端面进油。对于航空泛摆线滑油泵来说,其转速一般偏高,一般建议采用双面轴向进油方式,以改善齿间填充性能,提高容积效率。图 6-31 为单级泵流体域模型。油槽深度为 H,其进油方式为轴向双面进油。

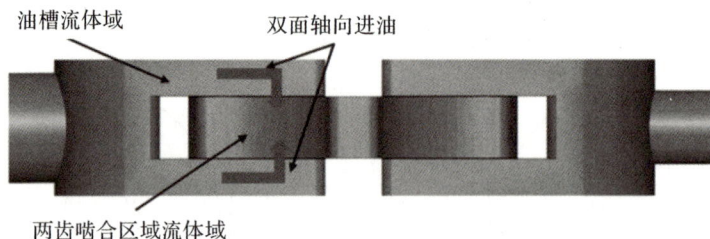

图 6-31 单级泵流体域模型

由前期的仿真计算可知,地面情况下,当转速大于 5000 r/min 时,单面进油方式的泵出口流量较双面进油的泵明显减小,流量脉动显著增大,且随着转速增大,这一差距会继续变大。

资料显示,高空、低转速情况下,当进口绝对压力增大至 0.5 MPa 时,单面进油方式的容积效率已经开始小于双面进油方式的容积效率。随着转速的升高、进口绝对压力的降低,这一差距会继续变大。

因此在设计时,除非空间限制,一般使用双面进油方式。

6.3.3 泵进出口管路横截面积设计

油路管道的面积主要根据油液在管道中的允许流速来确定。一般吸入管的油液允许流速为 1.5~2 m/s。对于航空滑油泵来说,在高空飞行时滑油流速取为 0.3~1 m/s,低空飞行时滑油流速取为 1~2 m/s,回油路的滑油流速通常取与上述相同的数值[95]。有时允许在此基础上加大 1.3~1.5 倍。压力管内的滑油流速取 3~5 m/s。

泵进出口管路横截面积 $S = Q/v$,其中,Q 为泵的设计入口流量,其大小由 6.2.1 节(1)~(8)步确定,v 为泵入口管路的流速。

管道设计时尽量减少弯曲部分,以方便油液的顺利吸入。

6.3.4 泵其他组成结构设计介绍

航空泛摆线泵结构设计除了与流场部分相关的主体结构设计之外,还包括传动轴、轴承与轴封结构的设计,壳体、润滑结构的设计,泵上各种接口的设计,材料的选择,安全和防护设计等。

　　航空泛摆线泵(或称为摆线转子泵、外转子泵等)是一种特殊的旋转式容积泵,其设计不仅涉及流场部分的主体结构设计,还有其他关键方面。除了流场和主体结构外,航空泛摆线泵的结构设计还包括以下内容:

　　(1)轴承与轴封设计。

　　轴承:选择合适的轴承类型,如滑动轴承或滚动轴承,并考虑其承载能力、耐磨性和寿命。

　　轴封:设计有效的轴封结构,防止泵内液体泄漏和外部杂质进入泵内。

　　(2)驱动与传动设计。

　　驱动方式:对于航空内啮合泛摆线泵,其由发动机主轴经过传动减速机构驱动。

　　传动系统:合理设计传动减速机构,确保传动效率和稳定性。

　　(3)密封与润滑设计。

　　密封结构:设计可靠的密封结构,防止泵内液体泄漏。

　　润滑系统:对于需要润滑的部件,设计合适的润滑系统,确保泵的长期稳定运行。

　　(4)进出口管道与法兰或其他接头设计。

　　进出口管道:设计合理的进出口管道布局,确保流体顺畅流动。

　　法兰连接:选择合适的法兰连接方式和密封材料,确保泵与管道之间的连接可靠性。

　　(5)材料选择与热处理。

　　材料选择:根据泵的工作条件和介质特性,选择合适的材料,如不锈钢、铸铁、铸钢等。

　　热处理:对于需要提高材料性能的部件,进行必要的热处理,如淬火、回火等。

　　(6)安全与防护设计。

　　设计安全阀、压力表等安全附件,确保泵在异常情况下能自动停机或能采取其他保护措施。

　　考虑防腐蚀、防静电等措施,确保泵的安全运行。

　　(7)安装与调试设计。

　　设计合理的安装结构,便于泵的安装和拆卸。

　　提供详细的调试和操作规程,确保泵的正确使用和维护。

　　(8)环保与节能设计。

　　考虑泵在运行过程中的噪声、振动和排放等问题,采取相应措施降低其对环境的影响。

优化泵的结构和参数,提高泵的效率,降低能耗。

(9)维护与检修设计。

设计易于维护和检修的结构,如可拆卸的部件、可观察的窗口等。

提供详细的维护和检修手册,指导用户进行正确的维护和检修操作。

综上所述,航空泛摆线泵的结构设计是一个综合性的工程问题,需要综合考虑多个方面的因素。

6.3.5 其他注意事项

(1)初步确定好转子结构参数后,提取流体域时内外转子啮合处应有一定间隙,否则在生成网格时会导致网格中断。

(2)端面间隙和齿顶啮合间隙是影响泵性能的主要因素,尤以端面间隙影响最大,通过端面间隙的泄漏可达总泄漏量的 75%~80%。其泄漏量与压力的三次方成正比。间隙越大、压力越高,泄漏越多,容积效率也就越低,对油黏度较低的油泵,这种现象更明显。数值仿真时建议端面间隙取值控制在 0~0.03 mm 之间,啮合间隙控制在 0.02~0.1 mm 之间。

(3)排量和流量脉动性能要求不能同时满足。齿数越少,泛摆线泵排量越大,但是流量脉动越大,可达 40%~48%。因此,设计时只能根据需求折中选取。

(4)齿数 z、创成系数 k 和弧径系数 h 是影响流量脉动率的主要因素。其中,齿数对流量脉动率的影响最大。齿数越少,摆线泵的流量脉动越大,齿数越多,流量脉动率越小。但齿数增多时,单位体积的排量减小。增大创成系数 k,减小弧径系数 h,可使流量脉动率减小,同时增大泵的排量,但也增加了泵的体积。因此,在设计中应综合考虑各种因素。

(5)每齿始终处于啮合接触状态一直被认为是泛摆线泵的优点,但它也存在一些缺陷。多点接触啮合使齿廓加工精度要求提高,增加了制造成本。加工制造误差会导致内外转子无法装配或不能转动。实际上,在泵的啮合传动中需要有适当的齿侧间隙来补偿制造和安装误差。应合理地确定零件的制造公差。

(6)实际生产中应考虑内外转子啮合齿顶和齿谷之间的间隙值。

6.3.6 综合设计及优化举例

1. 转子结构参数设计

根据性能指标,设定如下条件,进行设计验证。

进口压力为 80 kPa,出口压力为 500 kPa;转速为 6000 r/min;供油流量要求为大于 60 L/min；工作介质为滑油，温度为 60 ℃，含气量为 0。

(1)初选容积效率 η_v(0.6～0.95)。

参考表 6-1 的容积效率值，取为 0.9。

影响因素：进出口压差、端面间隙、滑油黏度（优先级顺序）。

参照表 6-1 和表 6-2，若设计时端面间隙取 0.1 mm，根据设定的进出口压力及转速，可知容积效率在 0.9 左右。同时考虑到进出口压差只有 0.42 MPa，即压力差不大，则容积效率下降不多（其他条件相同情况下，进出口压差越大，容积效率越低）；工作介质为滑油，温度不高，因此黏性较大（温度越高，滑油黏度越小，其他条件不变情况下，泄漏越严重），即泄漏对容积效率影响不大，因此容积效率初定为 0.9。

(2)齿数选择：4×5 齿。

影响因素：单位体积排量、流量脉动或压力脉动、减重等。

齿数较少时，单位体积排量将更大，容积效率将更高，但流量脉动大。为了保证滑油泵的流量，优先选择齿数较少的组合。内转子为偶数齿时脉动比内转子为奇数齿时脉动小。因此，齿数组合初选为 4×5 齿。

(3)转子宽度(4～12 mm)：初选为 10 mm。

影响因素：转速、入口压力（高空性能）、填充性能、泵体积、间隙泄漏、进出口压差、加工难度等。

考虑到转速为 6 000 r/min（转速较高），转子宽度设计过大，将导致油液无法及时填充到转子区域，造成空化及填充损失，因此将转子宽度从最大值 12 mm 缩小至 10 mm，以减小转子内填充损失；入口压力较高（海拔高度不高），选择较宽的转子能够尽量降低泵的重量和体积，降低泵的级数，减小间隙泄漏，提高容积效率；转子厚度越小，间隙泄漏越严重，本例设置端面间隙为 0.1 mm，因此转子不能太薄，同时考虑到加工难度，转子也不能太厚。综合考虑，转子宽度初定为 10 mm。

若验证后认为转子宽径比不满足要求，则根据宽径比结果来调整转子的宽度，建议转子宽度调整增量为±(0.5～2) mm。

(4)创成系数 k(1.1～1.8)和弧径系数 h(0.2～0.95)、偏心距 e(1～5 mm)。

影响因素：齿数、排量、脉动等。

考虑本例中内转子齿数较少，k 取大值。k 大，h 小时，脉动会减小，排量增大，但泵体积变大。参考表 6-3 中齿数为 4×5 齿的应用比较成熟的 k 和 h 搭配，初步选择 k 值为 1.644，h 为 0.8。若转子强度不满足条件，则返回此步，根据验证结果与限定条件数值的差距来决定 k 和 h 的调整增量。

将上述几步确定的参数代入式(6-5),得偏心距为

$$e = \sqrt{\dfrac{Q/\eta_v}{4\pi B z_2 (k-h) n_1 \times 10^{-6}}} \approx 4.5 \ \text{mm}$$

根据 6.3.1 节第(4)步转速和偏心距的匹配范围可以看出,由于进出口压差不是很大,转速小于 8 000 r/min,即泵内主传动轴受载荷不大,转子所受载荷也不是很大,可知计算近似得到的偏心距是合适的。

(5)创成圆半径 L、外转子齿廓圆弧半径 R、内外转子齿顶圆和齿根圆半径计算。

将初步选定的 k、h、e 及齿数代入式(2-12)~式(2-17)可得转子的如下参数:

滚圆半径:$r_1 = z_1 e = 4 \times 4.5 \ \text{mm} = 18 \ \text{mm}$。

基圆半径:$r_2 = z_2 e = 5 \times 4.5 \ \text{mm} = 22 \ \text{mm}$。

创成圆半径:$L = k r_2 = 1.644 \times 22 \ \text{mm} = 36.168 \ \text{mm}$。

外转子齿廓圆弧半径:$R = h \times r_2 = 0.8 \times 22 \ \text{mm} = 17.6 \ \text{mm}$。

内转子齿根圆:$r_{f1} = L - R - e = (36.168 - 17.6 - 4.5) \ \text{mm} = 14.068 \ \text{mm}$

内转子齿顶圆:$r_{a1} = L + e - R = (36.168 - 17.6 + 4.5) \ \text{mm} = 23.068 \ \text{mm}$

外转子齿根圆半径:$r_{f2} = r_{a1} + e = (23.068 + 4.5) \ \text{mm} = 27.568 \ \text{mm}$

外转子齿顶圆半径:$r_{a2} = L - R = (36.168 - 17.6) \ \text{mm} = 18.568 \ \text{mm}$

以上参数具体含义见 2.2.1 节及 2.3.2 节。

(6)宽径比验证。

$$\lambda = B/(2 r_{a1}) = 10/(2 \times 23.068) = 0.216 \ 7$$

满足宽径比要求(常见宽径比范围主要集中在 0.2~0.8 之间。本例转速为 6 000 r/min,转速较高,因此宽径比取小值,范围在 0.12~0.35 之间)。

(7)不产生顶切条件验证。

由 6.2 节第(7)步式(6-11)可知转子部分产生顶切、过尖的条件为

$$h = 0.8 < \sqrt{\dfrac{27 z_1 (k^2 - 1)}{(z_2 + 1)^3}} = \sqrt{\dfrac{27 \times 4 \times (1.644^2 - 1)}{(5 + 1)^3}} \approx 0.93$$

满足条件。

若(1)~(5)步选定的参数,满足(6)和(7)步的验证要求,则可进入下一阶段:建模及仿真验证阶段。将满足验证条件的转子结构参数代入式(6-4)得泛摆线泵的理论流量约为 65 L/min。

2. 建模及仿真验证

按照选定的参数进行转子的三维建模,在初步设计阶段,只需要进行流体域

的流动仿真,因此可直接对内外转子之间的流体域建模,无需建模内外转子的固体域结构。转子区域流体域模型如图 6-32 所示。

图 6-32 转子区域流体域模型

油槽结构选择对角式,根据油槽的大致平均宽度,初选深度为 5 mm,油槽边界刚好经过最大和最小容积腔对应的啮合点。将进出口油槽流体域与转子流体域模型装配好,如图 6-33 所示。

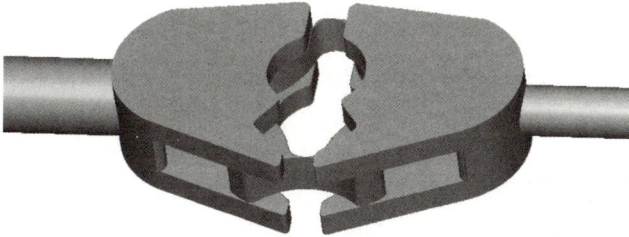

图 6-33 单级泵流体域模型

根据 6.3.3 节泵进出口管路横截面积的设计要求,若进油管流速限制在 2 m/s,根据流量公式可将进口管道直径 d_1 设置为 25.2 mm。但是由于此处上下油槽空间高度差限制,实际只能将管道直径缩小至 20 mm。在纯油流动情况下,流速稍微超过限定值,对于含不可凝结气体的油液来说,更不容易发生空化。因此管径从 25.2 mm 缩减至 20 mm 也合理。

将模型导入 Pumplinx 中进行网格划分,其中端面间隙为 0.1 mm。

图 6-34 为仿真过程中泵运转稳定后的实时压力云图。图中,左侧为吸油区转子流体域,压力较低;右侧为排油区转子流体域,压力较高。从图中可以看出,泵压力分布正常、均匀,吸油腔、排油腔分隔明显。

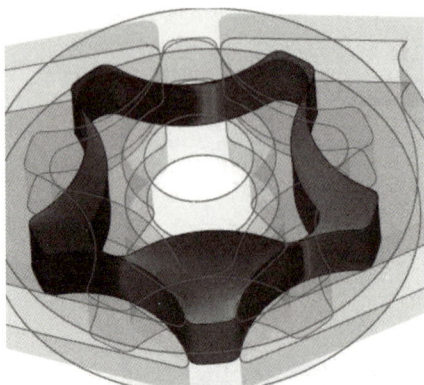

图 6-34 转子区域压力分布

图 6-35 为泵运转过程中的瞬时流量曲线,从曲线可以看出流量脉动情况,从图整体可以看出泵的脉动有规律且正常,最大瞬时体积流量约为 80 L/min,最小瞬时体积流量约为 57 L/min。再将时均体积流量结果代入流量脉动率公式[见 3.2.3 节式(3-8)],可知流量脉动率约为 32%。

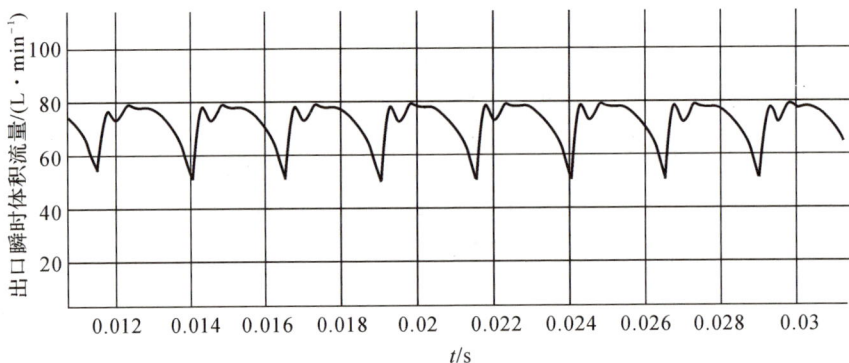

图 6-35 出口瞬时体积流量

图 6-36 为泵的平均流量曲线,它反映了泵的最终供油能力。当运转平稳后,读取泵出口截面体积流量可知,最终的流量值约为 71.9 L/min,满足初始设定流量要求——大于 60 L/min。

将端面间隙缩小为 0,通过仿真计算得到的最终流量为 78.6 L/min,容积效率为 0.914。因此可知,容积效率也接近初始设定值,证明设计成功。

若仿真得到的实际供油流量小于初始设定目标,则可跳转到 6.3.1 节中的第(2)步,增加转子宽度或者改变转子的结构参数(k、h、e)等,若仿真计算出的流量与目标流量相差不大,则优先改变结构参数(k、h、e)等,直至仿真结果满足设定要求为止。

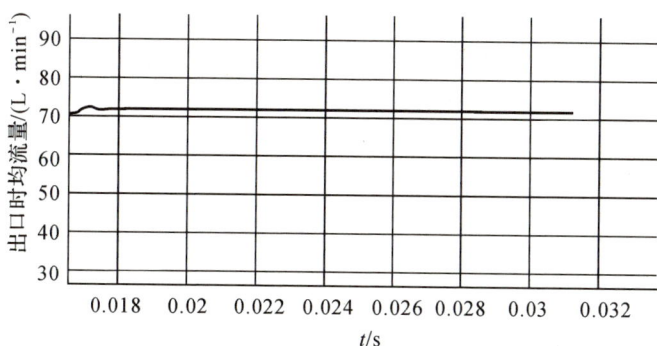

图 6-36　出口时均流量

6.4　航空泛摆线泵参数优化的数学方法

　　为了全面了解航空泛摆线泵的优化方法,本节给出一种优化设计航空泛摆线泵内部转子结构的优化思路和数学方法。以单位体积排量大、流量脉动小等指标作为目标函数,以创成系数和弧径系数为设计变量,将偏心距和齿数作为设计常量,以齿廓曲线不产生根切和其他尺寸限制为约束条件,建立优化设计数学模型。

　　6.3 节提出的优化方法是在已有庞大的航空泛摆线泵数据库的支撑下,考虑了泵的流动特性进行的整体结构的优化设计。本节给出的方法仅适用于考虑部分明确约束条件的转子结构的优化设计,设计优化的可靠性受限于约束条件和目标函数的表达准确性,但能够快速地得到解决方案。6.3.1 节中转子的优化设计能够综合考虑流动特性及物理约束条件,更能够准确可靠地满足设计要求,但前提是设计者有足够多的关于泛摆线泵结构和流动特性的设计经验,而且需花费一定的时间成本。在转子的初步设计阶段,若无数据库支撑,可根据本节方法先快速确定出转子的初步齿廓参数,然后根据 6.3.1 节的方法进行进一步的优化设计。

6.4.1　设计变量

　　航空泛摆线泵设计的基本参数有齿数 z、偏心距 e、创成系数、弧径系数和齿宽 B,其中 B 仅影响泵的体积,进而对泵的流量大小有影响,但对流量脉动、单位体积的排量和齿廓的相对滑动系数基本没有影响,所以在优化设计中将其作为常量。齿数虽然对流量脉动影响较大,但齿数的组合却是有限的,选择的范围较小,因此也不宜作为设计变量。即可分别进行不同齿数组合下的优化设计,降低优化设计的难度。因此对航空泛摆线泵性能有影响的参数就只有创成系数k、弧径系数h、偏心距e。为了使优化设计结果具有通用性并降低系统的设计难度,取$B=1$ mm,固定偏心距e为1,并将z_1作为设计常量,以创成系数k、弧径系数h作为设计变量。则设计变量

$$\boldsymbol{X}=(k \quad h)^{\mathrm{T}}=(x_1 \quad x_2)^{\mathrm{T}} \tag{6-16}$$

6.4.2 目标函数

航空泛摆线泵设计中追求的主要目标是泵的排量最大、流量脉动最小、重量或者体积最小等,因此,航空泛摆线泵的优化设计是一个多目标的优化问题。本节以泵的排量最大和流量脉动小为优化设计的目标函数,进行航空泛摆线泵转子的优化设计。目标函数越多、约束条件越多,则优化过程更复杂,甚至可能无法通过优化得到合适的转子参数结果。

(1)以单位体积排量最大为目标函数。

若直接以泵的排量最大为目标函数将会导致泵的外形尺寸增大,因此本节设计中以泵的单位体积的排量最大为目标函数。

泵的排量q可以采用近似公式计算:

$$q=\pi(r_{a1}^2-r_{f1}^2)B\times10^{-6}=4\pi Be^2 z_2(k-h)\times10^{-6} \tag{6-17}$$

泵的体积V公式近似采用式(3-20)。

则泵单位体积排量:

$$q_1=\frac{q}{V} \tag{6-18}$$

建立下列形式的分目标函数:

$$\max f_1(\boldsymbol{X})=\frac{q}{V} \tag{6-19}$$

(2)以流量脉动最小为目标函数。

航空泛摆线泵的流量脉动伴随着压力脉动,并使系统产生噪声和振动,因此流量脉动小也是设计时所要考虑的一个性能指标。瞬时流量脉动的大小一般用流量脉动率δ来衡量。其公式见式(3-8)。

因此,这一分目标可以写成

$$\min f_2(\boldsymbol{X})=\delta=\frac{q_{\max}-q_{\min}}{\bar{q}} \tag{6-20}$$

式(6－20)中关于最大和最小瞬时流量的理论计算可参考相关文献。

6.4.3 约束条件

航空泛摆线泵内转子的齿廓曲线是短幅外摆线的等距曲线,它的理论齿廓曲线是短幅外摆线,实际齿廓是以理论齿廓曲线为圆心、以外转子齿形圆半径 R 为半径的圆族的内包络线。当理论齿廓曲线外凸时,若齿形圆半径 R 大于理论齿廓曲线的最小曲率半径,实际齿廓出现尖点或产生根切,导致内外转子不能正确啮合,影响传动的平稳性。因此,外转子齿形圆半径必须小于内转子理论齿廓曲线外凸时的最小曲率半径 $\rho_{0\,min}$。因此约束条件表示为

$$h < \sqrt{\frac{27z_1(k^2-1)}{(z_2+1)^3}} \qquad (6-21)$$

写成约束函数为

$$g_1(x) = x_2 - \sqrt{\frac{27z_1(k^2-1)}{(z_2+1)^3}} < 0 \qquad (6-22)$$

6.4.4 目标函数的处理

本节航空泛摆线泵的优化设计问题,一是需要设计给定主要约束条件及对设计参数的边界约束和对部分函数的条件约束,二是目标函数的简单非线性多目标优化设计问题,即如何取舍多目标函数在整个优化结果中的权重占比,因此在求解时需要对多目标函数问题进行处理。可根据所考虑因素的重要性采取下列几种方式对多目标函数进行处理。

(1)主要目标法。

考虑到多目标函数优化问题中各目标函数的重要程度并不一样,在优化设计中应首先考虑主要目标,同时兼顾次要目标。在本优化问题中,通常首先考虑的是单位体积排量最大,其次才是流量脉动率。在优化设计中可将流量脉动作为一个约束条件来处理,使其限定在某一范围内,即再加入一约束条件

$$g_2(x) = \delta - |\delta| \qquad (6-23)$$

(2)统一目标法。

统一目标法就是将多个目标函数统一到一个总的目标函数 $f(\boldsymbol{X})$ 中。这里可采用加权组合法处理两个目标函数。

对于由式(6－19)和式(6－20)所确定的两个分目标函数,考虑到分目标函数的重要程度及其在数量级上的差异,构造下列形式的统一目标函数:

$$f(\boldsymbol{X}) = \frac{\omega_1}{W_1}f_1(\boldsymbol{X}) + \frac{\omega_2}{W_2}f_2(\boldsymbol{X}) \qquad (6-24)$$

式中：ω_1 和 ω_2——反映分目标函数重要程度的加权因子，可按 $\omega_1+\omega_2=1$ 来取值；

W_1 和 W_2——考虑到两目标函数数量级差异的系数，取两个目标函数可能达到的最大值。即 W_1 为在泛摆线泵体积一定的前提下可能的最大流量值，W_2 为泵脉动的最大值。

本节优化设计问题的变量数和约束条件都较少，采用一般的通用优化程序就可以对其求解。以主要目标法确定目标函数，即以式（6-19）和式（6-20）作为目标函数，将各种齿数（$z_1 \times z_2$）组合，根据齿数的不同对流量脉动率的约束取不同的限定值，即可进行求解。

上述求解思路以两个未知量（k，h）为变量，进行两参数优化举例。读者也可设定更多的未知量，添加更多的约束条件来进行求解。此处仅给出一种纯数学上的优化思路，供读者理解。

▶ 6.5 本 章 小 结

本章主要从流体对航空泛摆线泵结构影响的角度出发，以第 2 章内容为基础，通过实例介绍了航空泛摆线泵设计和优化的具体步骤和方法，包括航空泛摆线泵内部转子结构、外部油槽结构及进口管径的确定等。同时也提供了一种数学上对转子齿廓参数进行优化的方法，此方法具有一定的适用性，更多考虑的是从机械理论和数学角度出发得到的优化结果，没有考虑太多的流体运动现象对泵内转子的影响，可能还需要进一步考虑流体因素对设计出的转子齿廓再作调整。两种方法在转子结构设计上都有侧重点。6.4 节的方法适用于转子齿廓结果的初步快速设计，6.3 节的方法则考虑得更为全面和详细，需要设计者有足够多的经验和时间。可根据两种方法的特点综合解决泛摆线泵的优化设计问题。

第7章 神经网络算法在航空泛摆线泵优化设计中的应用

航空泛摆线泵优化设计研究的新方法主要涉及齿形优化、参数及泵体结构优化、油槽结构优化、计算机辅助设计与加工以及优化设计方案的方法等方面，其在提高泛摆线泵的性能和效率方面发挥了重要作用。随着智能化、数字化技术的深度融合，泛摆线泵的性能优化将更加精准、高效。同时，新材料、新技术的应用也将为泛摆线泵的性能提升带来更多的可能性。本章将结合 6.2 节构建的数据库，建立一种基于泛摆线泵特性的 BP(Back Propagation，反向传播)神经网络算法，以期望实现航空泛摆线泵的性能快速预测和优化。

▶ 7.1 神经网络算法在航空泛摆线泵研究中的应用

神经网络算法是一种模拟生物神经网络结构和功能的计算模型，它通过构建大量神经元之间的连接关系，实现对输入信息的处理、分析和预测。神经网络算法在目前图像识别、自然语言处理、语音识别、医学图像分析等领域有着广泛应用。它能够从多种数据源如医学图像、语音、自然语言等中学习特征，进行疾病诊断和预测。目前还几乎还未见到神经网络应用于在航空泛摆线泵的优化设计研究中。

神经网络算法在航空泛摆线泵研究中的应用主要体现在故障诊断、性能预测和优化设计等方面。

1. 故障诊断

神经网络具有自组织和自学习能力，可以根据航空泛摆线泵的正常历史数据训练神经网络，然后将此信息与当前测量数据进行比较，以确定故障；神经网络具有滤出噪声及在有噪声情况下得出正确结论的能力，这使得它能够在复杂的机械环境中有效地工作，特别是在噪声环境中进行故障检测和诊断；神经网络对于高维空间模式识别和非线性模式识别问题的分类精度高，具有分辨故障原因及类型的能力，为实现故障诊断奠定了基础。

2. 性能预测

神经网络可以通过学习泛摆线泵在不同工况下的性能数据来建立预测模

型,预测其未来在特定工况下的性能表现。预测模型可以帮助研究人员和工程师更好地理解泛摆线泵的性能特点,为优化设计和使用提供指导。

3. 优化设计

神经网络可以用于泛摆线泵的优化设计过程中,例如在齿形优化、泵体结构优化等方面。通过建立神经网络模型,可以对不同的设计参数进行快速评估,找到最优的设计方案。与传统的优化设计方法相比,神经网络可以大大提高设计效率,减少试验次数,降低开发成本。

神经网络模型的应用通常基于大量的数据支持,因此需要收集泛摆线泵在各种工况下的运行数据。网络的训练需要一定的时间,但一旦训练完成,其预测和诊断速度将非常快,可以满足实时性的要求。神经网络模型具有较强的泛化能力,可以在一定程度上适应新的、未见过的工况和数据。目前,已有研究将神经网络应用于泛摆线泵的故障诊断中,取得了令人满意的结果[96]。但在优化设计方面,虽然尚未有直接针对泛摆线泵的神经网络优化设计研究的报道,但神经网络在其他机械优化设计领域中的应用已经证明了其有效性和潜力。

7.2　BP 神经网络模型

BP 神经网络(简称 BP 网络)是 1986 年由以 Rumelhart 和 McCelland 为首的科学家小组提出的,是一种按误差反向传播算法训练的多层前馈网络,是目前应用最广泛的神经网络模型之一。

BP 网络能学习和存储大量的输入-输出模式映射关系,而无需事前揭示描述这种映射关系的数学方程。它的学习规则是使用最速下降法,通过反向传播来不断调整网络的权值和阈值,使网络的误差二次方和最小。其多用于函数逼近、模型识别分类、数据压缩和时间序列预测等。

BP 网络具有高度非线性和较强的泛化能力,但也存在收敛速度慢、迭代步数多、易于陷入局部极小和全局搜索能力差等缺点。可以先用遗传算法对 BP 网络进行优化,在解析空间找出较好的搜索空间,再用 BP 网络在较小的搜索空间内搜索最优解。

7.3　BP 神经网络学习算法的基本原理

BP 网络由输入层、隐层和输出层组成,隐层可以有一层或多层。先利用输出后的误差来估计输出层的直接前导层的误差,再用这个误差估计前一层的误差,如此一层一层地反向传播(简称反传)下去,就获得了所有其他各层的误差估计。

7.3.1 学习的过程

BP 神经网络在外界输入样本的刺激下,正向计算得到输出,然后根据输出与期望输出之间的误差,来改变输出层与隐含层的网络连接权值,并估计隐含层的误差,从而相应地改变输入层与隐含层的网络连接权值,以使网络的输出不断地接近期望的输出。其学习的本质是对各连接权值的动态调整。

正向传播:输入样本—输入层—各隐层—输出层。

判断是否转入反向传播阶段:若输出层的实际输出与期望的输出不符,则误差反传,误差以某种形式在各层表示;修正各层单元的权值直到网络输出的误差减少到可接受的程度。此过程进行到达到预先设定的学习次数为止。

算法的核心思想:将输出误差以某种形式通过隐层向输入层逐层反向传播,将误差分摊给各层的所有单元,根据各层单元的误差信号修正各单元权值。

7.3.2 BP 神经网络的标准学习算法

图 7-1 是 $m \times k \times n$ 的三层 BP 网络模型,网络选用 S 型传递函数,$f(x) = \dfrac{1}{1 + e^{-x}}$ 通过反传误差函数 $E = \dfrac{\sum\limits_{i}(t_i - o_i)^2}{2}$ (t_i 为期望输出、o_i 为网络的计算输出),不断调节网络权值和阈值使误差函数 E 达到极小。

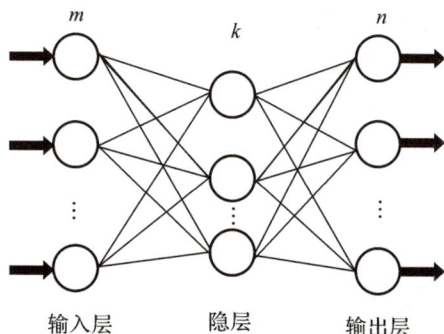

图 7-1 $m \times k \times n$ 三层 BP 网络模型

任何一层网络均有输入和输出,输入与输出之间需要激活函数来进行线性或者非线性转换。此激活函数(或称传递函数)必须处处可导,一般都使用 S 型函数。

当使用 S 型激活函数时,BP 网络的输入与输出关系如下:

输入

$$net = x_1w_1 + x_2w_2 + \cdots + x_nw_n \qquad (7-1)$$

输出

$$y = f(net) = \frac{1}{1 + e^{-net}} \qquad (7-2)$$

式(7-2)为对数 S 型传递函数,可以看出此函数能将数据控制在 0~1 之间。

由 S 型激活函数的图形可知,对神经网络进行训练,应该将 net 的值尽量控制在变化比较快的范围内。

1. 网络结构

图 7-1 中的网络结构表示输入层有 m 个神经元,隐含层有 k 个神经元,输出层有 n 个神经元。

2. 变量定义

输入向量:$\boldsymbol{x} = (x_1 \quad x_2 \quad \cdots \quad x_n)$。

隐含层输入向量:$\boldsymbol{hi} = (hi_1 \quad hi_2 \quad \cdots \quad hi_p)$。

隐含层输出向量:$\boldsymbol{ho} = (ho_1 \quad ho_2 \quad \cdots \quad ho_p)$。

输出层输入向量:$\boldsymbol{yi} = (yi_1 \quad yi_2 \quad \cdots \quad yi_q)$。

输出层输出向量:$\boldsymbol{yo} = (yo_1 \quad yo_2 \quad \cdots \quad yo_q)$。

期望输出向量:$\boldsymbol{d}_o = (d_1 \quad d_2 \quad \cdots \quad d_q)$。

输入层与中间层的连接权值:w_{ih}。

隐含层与输出层的连接权值:w_{ho}。

隐含层各神经元的阈值:b_h。

输出层各神经元的阈值:b_o。

样本数据个数:$k = 1, 2, \cdots, m$。

激活函数:$f(\cdot)$。

误差函数:$e = \dfrac{1}{2} \sum\limits_{o=1}^{q} \left[d_o(k) - yo_o(k) \right]^2$。 $\qquad (7-3)$

3. 算法学习过程

第一步,网络初始化。

给各连接权值分别赋一个区间$(-1, 1)$内的随机数,设定误差函数 e,给定计算精度值 ε 和最大学习次数 M。

第二步,随机选取第 k 个输入样本及对应期望输出:

$$x(k) = (x_1(k) \quad x_2(k) \quad \cdots \quad x_n(k))$$

$$d_o(k) = (d_1(k) \quad d_2(k) \quad \cdots \quad d_q(k))$$

第三步,计算隐含层各神经元的输入和输出

$$hi_h(k) = \sum_{i=1}^{n} w_{ih} x_i(k) - b_h, \quad h = 1, 2, \cdots, p \tag{7-4}$$

$$ho_h(k) = f(hi_h(k)), \quad h = 1, 2, \cdots, p \tag{7-5}$$

$$yi_o(k) = \sum_{h=1}^{p} w_{ho} ho_h(k) - b_o, \quad o = 1, 2, \cdots, q \tag{7-6}$$

$$yo_o(k) = f(yi_o(k)), \quad o = 1, 2, \cdots, q \tag{7-7}$$

第四步,利用网络期望输出和实际输出,计算误差函数对输出层的各神经元的偏导数 $\delta_o(k)$:

$$\frac{\partial e}{\partial w_{ho}} = \frac{\partial e}{\partial yi_o} \frac{\partial yi_o}{\partial w_{ho}} \tag{7-8}$$

$$\frac{\partial yi_o(k)}{\partial w_{ho}} = \frac{\partial \left[\sum\limits_{h}^{p} w_{ho} ho(k) - b_o \right]}{\partial w_{ho}} = ho_h(k) \tag{7-9}$$

$$\frac{\partial e}{\partial yi_o} = \frac{\partial \left\{ \frac{1}{2} \sum\limits_{o=1}^{p} \left[d_o(k) - yo_o(k) \right] \right\}^2}{\partial yi_o} = -\left[d_o(k) - yo_o(k) \right] yo_o'(k)$$

$$= -\left[d_o(k) - yo_o(k) \right] f'(yi_o(k)) \triangleq -\delta_o(k) \tag{7-10}$$

第五步,利用隐含层到输出层的连接权值、输出层的 $\delta_o(k)$ 和隐含层的输出,计算误差函数对隐含层各神经元的偏导数 $\delta_h(k)$:

$$\frac{\partial e}{\partial w_{ho}} = \frac{\partial e}{\partial yi_o} \frac{\partial yi_o}{\partial w_{ho}} = -\delta_o(k) ho_h(k) \tag{7-11}$$

$$\frac{\partial e}{\partial w_{ih}} = \frac{\partial e}{\partial hi_h(k)} \frac{\partial hi_h(k)}{\partial w_{ih}} \tag{7-12}$$

$$\frac{\partial hi_h(k)}{\partial w_{ih}} = \frac{\partial \left[\sum\limits_{i=1}^{n} w_{ih} x_i(k) - b_h \right]}{\partial w_{ih}} = x_i(k) \tag{7-13}$$

$$\frac{\partial e}{\partial hi_h(k)} = \frac{\partial \left\{ \frac{1}{2} \sum\limits_{o=1}^{q} \left[d_o(k) - yo_o(k) \right]^2 \right\}}{\partial ho_h(k)} \frac{\partial ho_h(k)}{\partial hi_h(k)}$$

$$= \frac{\partial \left\{ \frac{1}{2} \sum\limits_{o=1}^{q} \left[d_o(k) - f(yi_o(k)) \right]^2 \right\}}{\partial ho_h(k)} \frac{\partial ho_h(k)}{\partial hi_h(k)}$$

$$= \frac{\partial \left[\frac{1}{2} \sum_{o=1}^{q} \left(\{ d_o(k) - f \left[\sum_{h=1}^{p} w_{ho} ho_h(k) - b_o \right]^2 \} \right) \right]}{\partial ho_h(k)} \frac{\partial ho_h(k)}{\partial hi_h(k)}$$

$$= - \sum_{o=1}^{q} \left[d_o(k) - yo(k) \right] f'(yi_o(k)) w_{ho} \frac{\partial ho_h(k)}{\partial hi_h(k)}$$

$$= - \left[\sum_{o=1}^{q} \delta_o(k) w_{ho} \right] f'(hi_h(k)) \triangleq - \delta_h(k) \tag{7-14}$$

第六步,利用输出层各神经元的 $\delta_o(k)$ 和隐含层各神经元的输出来修正连接权值 $w_{ho}(k)$:

$$\Delta w_{ho}(k) = -\mu \frac{\partial e}{\partial w_{ho}} = \mu \delta_o(k) ho_h(k) \tag{7-15}$$

$$w_{ho}^{N+1} = w_{ho}^{N} + \eta \delta_o(k) ho_h(k) \tag{7-16}$$

第七步,利用隐含层各神经元的 $\delta_h(k)$ 和输入层各神经元的输入修正连接权值。

$$\Delta w_{ih}(k) = -\mu \frac{\partial e}{\partial w_{ih}} = -\mu \frac{\partial e}{\partial hi_h(k)} \frac{\partial hi_h(k)}{\partial w_{ih}} = \delta_h(k) x_i(k) \tag{7-17}$$

$$w_{ih}^{N+1} = w_{ih}^{N} + \eta \delta_h(k) x_i(k) \tag{7-18}$$

第八步,计算全局误差,有

$$E = \frac{1}{2m} \sum_{k=1}^{m} \sum_{o=1}^{q} \left[d_o(k) - y(k) \right]^2 \tag{7-19}$$

第九步,判断网络误差是否满足要求。当误差达到预设精度或学习次数大于设定的最大次数时,则结束算法。否则,选取下一个学习样本及对应的期望输出,返回到第三步,进行下一轮的学习。

4. BP 算法权值的调整方式

当误差对权值的偏导数 $[\delta_o(k)$ 和 $\delta_h(k)]$ 大于零时,权值调整量 Δw_h 为负,实际输出大于期望输出,权值向减小方向调整,使得实际输出与期望输出的差减小。

当误差对权值的偏导数小于零时,权值调整量为正,实际输出小于期望输出,权值向增大方向调整,使得实际输出与期望输出的差减小。

▶ 7.4 Matlab 中 BP 神经网络的重要函数和基本功能

BP 神经网络训练所采用的算法是反向传播算法,可以以任意精度逼近任意的连续函数,近年来,为了解决 BP 神经网络收敛速度慢、训练时间长等不足,提出了许多改进算法[97-98]。在应用 BP 神经网络解决实际问题的过程中,选择多少层网络、每层多少个神经元节点、选择何种传递函数及何种训练方法等均无可行的理论指导,只能通过大量的实验计算获得。这无形中增加了研究工作量和程序编程工作量。Matlab 软件提供了一个现成的神经网络工具箱(Neural Network Toolbox,NNbox),为解决这个矛盾提供了便利条件[99]。下面给出了网络函数的建立、传递函数的选择、隐含层节点数的确定的方法,并对其他函数及相关命令进行介绍。

7.4.1 网络函数

以下两种定义都可以:

net=newff(P,T,S)

net=newff(P,T,S,TF,BTF,BLF,PF,IPF,OPF,DDF)

含义:生成一个前反馈网络。

P:输入参数矩阵。(R×Q1),其中 Q1 代表 R 元的输入向量。其数据意义是矩阵 P 有 Q1 列,每一列都是一个样本,而每个样本有 R 个属性(特征)。一般矩阵 P 需要归一化,即 P 的每一行都归一化到[0:1]或者[−1:1]。

T:目标参数矩阵。(SN×Q2),Q2 代表 SN 元的目标向量。

S:N−1 个隐含层的数目[S(i)到 S(N−1)],默认为空矩阵[]。输出层的单元数目 SN 取决于 T。返回 N 层的前馈 BP 神经网络。

TF:相关层的传递函数,默认隐含层为 tansig 函数,输出层为 purelin 函数。

BTF:BP 神经网络学习训练函数,默认值为 trainlm 函数。

BLF:权重学习函数,默认值为 learngdm。

PF:性能函数,默认值为 mse,可选择的还有 sse,sae,mae,crossentropy。

IPF,OPF,DDF 均为默认值即可。

7.4.2 传递函数 TF(或激活函数)

1. 激活函数的作用

$f(*)$ 称为激活函数或激励函数(Activation Function),激活函数的主要作用是完成数据的非线性变换,解决线性模型的表达、分类能力不足的问题。它同时能够改变之前数据的线性关系,如果网络中全部是线性变换,则多层网络可以通过矩阵变换直接转换成一层神经网络。所以激活函数的存在,使得神经网络的"多层"有了实际的意义,使网络更加强大,增加了网络的能力,使它可以学习复杂的事物、复杂的数据,以及表示输入-输出之间非线性的复杂的任意函数映射。

激活函数的另一个重要作用是执行数据的归一化,将输入数据映射到某个范围内,再往下传递。这样做的好处是可以限制数据的扩张,防止数据过大导致的溢出风险。

2. 常见激活/传递函数

对非线性问题,输入层和隐含层多采用非线性传递函数,输出层采用线性函数以保持输出的范围。就非线性传递函数而言,若样本输出均大于零,则多采用对数-S型函数或者正切S型函数。

常见的传递函数有硬极限传输函数(hardlim)、对称硬极限函数(hardlims)、线性函数(purelin)、对称饱和线性函数(satlins)、对数-S型函数(logsig)、正线性函数(poslin)、双曲正切S型函数(tansig)、竞争函数(compet)等。

隐含层和输出层函数的选择对BP神经网络预测精度有较大影响,一般隐含层传递函数选择tansig函数或者logsig函数,输出层节点传输函数一般选择tansig函数或者purelin函数。

7.4.3　学习训练函数 BTF

学习函数:BP神经网络的学习规则是learngd函数,带动量项的BP学习规则是learngdm函数。一般默认即可,如果需要设置,则在建立网络newff函数的参数中确定。

训练函数:train函数,用于训练一个神经网络。网络训练函数是一个通用的学习函数,训练函数重复地把一组输入向量应用到一个网络上,每次都更新网络,直到达到某种准则。停止准则的可能是最大的学习次数、最小的误差梯度或者误差目标。

常见的训练函数如下:

traingd:最速下降BP算法;

traingdm:动量BP算法;

trainda:学习率可变的最速下降BP算法;

traindx:学习率可变的动量BP算法;

trainrp:弹性算法;

trainlm:Levenberg-Marquardt的BP算法训练函数(L-M反向传播算法)。

变梯度算法如下:

traincgf:Fletcher-Reeves修正算法;

traincgp:Polak_Ribiere修正算法;

traincgb:Powell-Beale复位算法;

trainbfg:BFGS拟牛顿算法;

trainoss：OSS 算法。

其中,学习函数的输出是权值和阈值的增量,训练函数的输出是训练好的网络和训练记录,在训练过程中训练函数不断调用学习函数修正权值和阈值,使用检测设定的训练步数或者性能函数计算出的误差小于设定误差这一标准来结束训练。

7.4.4　性能函数

BP 神经网络中用各种误差或者相关系数来衡量网络性能,误差越小表示网络预测结果越精准。系统默认的网络性能函数为均方误差 MSE。

(1)均方误差 MSE(Mean Squared Error)：BP 网络中默认的性能函数。

注意：需要用 MSE 以外的性能函数时,比如需要使用平均绝对误差(MAE)时,只需要加一行代码：net. performFcn＝'mae'。

(2)均方根误差 RMSE(Root Mean Squared Error)。

(3)平均绝对误差 MAE(Mean Absolute Error)。

(4)决定系数 R_1^2(R－Square)(软件中无此函数,需要自编程)：

$$R_1{}^2 = 1 - \frac{\sum\limits_{i=1}^{m}(y_i - \hat{y}_i)^2}{\sum\limits_{i=1}^{m}(y_i - \bar{y}_i)^2} \qquad (7-20)$$

(5)相关系数 R：

$$R = \frac{\sum\limits_{i=1}^{m}(x_i - \bar{x})(y_i - \bar{y})}{\sqrt{\sum\limits_{i=1}^{m}(x_i - \bar{x})^2 \sum\limits_{i=1}^{m}(y_i - \bar{y})^2}} \qquad (7-21)$$

Matlab 神经网络中自动计算并绘图的是相关系数 R。

7.4.5　其他参数说明

通过 net. trainParam 可以查看参数：

Show Training Window Feedback show Window. true：显示训练窗口。

Show Command Line Feedback show Command Line：false：在命令行窗口不显示训练进度。

Command Line Frequency show：两次显示之间的训练次数。

Maximum Epochs epochs：训练次数。

Maximum Training Time：最长训练时间(s)。

Performance Goal goal:网络性能目标。

Minimum Gradient min_grad:性能函数最小梯度。

Maximum Validation Checks max_fail:最大验证失败次数。

Learning Rate lr:学习速率。

Learning Rate Increase Ir_inc:学习速率增长值。

Learning Rate Ir_dec:学习速率下降值。

Maximum Performance Increase max_perf_inc:性能最大提升因子。

Momentum Constant mc:动量因子。

▶ 7.5 建立 BP 神经网络的注意事项

7.5.1 学习速率的选定

学习速率(默认是 0.01)参数 net. trainparam. lr 不能选择得太大,否则会出现算法不收敛的情况,也不能太小,否则会使训练过程时间太长。一般选择其为 0.01~0.1 之间的值,再根据训练过程中梯度变化和均方误差变化值来确定。一般倾向于选取较小的学习速率以保持系统稳定,通过观察误差下降曲线来判断。下降较快说明学习率比较合适,若有较大振荡则说明学习率偏大。同时,由于网络规模大小的不同,对学习率应适当进行调整。

7.5.2 隐含层节点数 l 的设计

有关研究表明,有一个隐含层的神经网络,只要隐含节点足够多,就可以以任意精度逼近一个非线性函数。因此,本章采用含有一个隐含层的三层多输入单输出的 BP 网络来建立预测模型。在网络设计过程中,隐含层神经元数的确定十分重要。隐含层神经元数过多,会加大网络计算量并容易产生过拟合问题;神经元数过少,则会影响网络性能,达不到预期效果。网络中隐含层神经元的数目与实际问题的复杂程度、输入和输出层的神经元数以及对期望误差的设定有着直接的联系。目前,对于隐含层中神经元数的确定并没有明确的公式,只有一些经验公式,也就是说神经元数的最终确定还是需要根据经验和多次实验来确定。隐含层节点数 l 的初始值参考文献中的经验公式,有[100-101]

$$l = \sqrt{n+m} + a \tag{7-22}$$

$$l = \sqrt{0.43mn + 0.12n^2 + 2.54m + 0.77n + 0.35} + 0.51 \tag{7-23}$$

其中,n 为输出层神经元数,m 为输入层神经元数,a 为[1,10]内的常数。如果初步选定的隐含层节点数无法使网络达到预计目标,则可逐步加大或者减小隐含层的节点数。

7.5.3　对过拟合的处理

网络训练有时会产生"过拟合"。所谓过拟合,就是训练集的误差被训练得非常小,而当把训练好的网络用于新的数据时却产生很大的误差的现象,也就是说此时网络适应新情况的泛化能力很差。提高网络泛化能力的方法是选择合适大小的网络结构。选择合适的网络结构是困难的,因为对于某一问题,事先很难判断多大的网络是合适的。提高泛化能力可通过修改性能函数和提前结束训练两类方法来实现[102]。

7.6　航空泛摆线泵特性的神经网络算法的建立

以 6.2 节建立的航空泛摆线泵数据库为基础,经过筛选并导出多组泵的结构参数、工况、结果等数据,并根据 BP 神经网络算法的原理对数据进行分类。分类得到的文件包括输入数据及输出数据两组:输入数据包括计算的工况参数、结构参数,作为神经网络算法程序的输入参数;输出数据为计算得到的泵的性能参数,作为神经网络算法程序的期望输出结果。利用 Matlab 自带神经网络的工具箱及编译模块建立航空泛摆线泵特性的神经网络算法,以整理好的仿真工况及结果数据进行单因素训练,修正网络。

7.6.1　网络模型

将训练数据分为训练输入数据和期望输出数据。其中,输入数据及网络的训练输入参数主要是航空泛摆线泵的结构参数及工况参数,具体包括偏心距 e、转子宽度 B、弧径系数 h、创成系数 k、进出口油槽深度 H、端面间隙、啮合间隙、进口直径、出口直径、创成圆半径 L、泵的进油方式(单/双面进油)、运动黏度、饱和蒸气压、转速、进口压力、出口压力等 16 项。

网络训练的期望输出数据包括泵的出口时均体积流量、最大瞬时体积流量、最小瞬时体积流量、最大和最小出口总压等 5 项。出口时均质量流量、流量脉动率、压力脉动率等均能从前述 5 项结果中进一步计算确定,为了降低网络的复杂程度,这 3 项不再作为网络期望输出项。

因此,BP 神经网络的输入层节点数及神经元数为 16,输出层节点数为 5。经过多次实验尝试,最终选用隐含层数为 1 层,隐含层节点数为 120 个。图 7-2 为建立的网络模型。

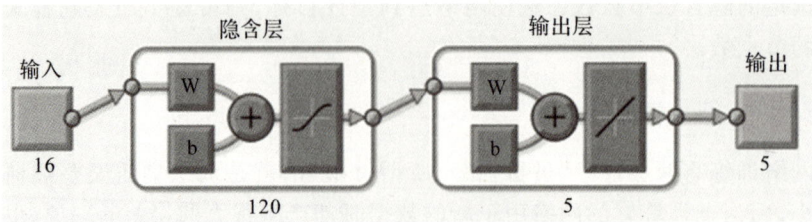

图 7-2　BP 神经网络模型

7.6.2　网络算法的建立

2012 年以后的 Matlab 版本采用 feedforwardnet 函数代替了 newff。feed-forwardnet()函数只需给出隐含层节点数目即可,无需再给出输入向量的维度、输入和输出层的神经元个数、各个层的传递函数、训练函数、学习函数等。其语法为 net＝feedforwardnet(),括号内为隐含层节点数。其中缺省了网络学习的传递函数、学习函数、训练函数及性能函数等。

输入层和隐含层的传递函数分别选择对数 S 型函数和正切 S 型函数。输出层函数选择线性函数 Pureline 函数。训练函数选择 trainlm 函数。学习函数为learngdm。网络的性能函数选择为均方差 MSE。

网络的学习速率最终定为 0.01。计最大训练轮回次数为 5 000 次。迭代停止的误差要求小于 1×10^{-6}。

7.6.3　网络的输入、输出及程序

1. 网络的输入、输出

初始化后的网络即可用于训练,将网络的输入和输出反复作用于网络,不断调整其权重和阈值,以使网络性能函数 net.performFcn 最小,从而实现输入、输出间的非线性映射。其缺省的性能函数是网络输出和实际输出间的均方差 MSE。

输入向量为:

```
P1＝[4.5    4.5    4…;        %偏心距 e
10         8      12…;        %齿宽 B
0.8        0.9    0.56…;      %弧径系数
1.64       1.64   1.4…;       %创成系数
4          6      8…;         %进出口油槽深度
0          0.05   0.1…;       %端面间隙厚度
……                  ]        %共 16 行
```

其中,每行中的数字个数代表训练的组数,共 333 组。每列的数字个数代表输入层神经元的个数,共 16 个。每行的数字含义见 7.6.1 节第一段。

期望输出向量为:

$$T1 = \begin{bmatrix} 36.5 & 38.26\cdots; & \% \text{出口时均体积流量} \\ 49.81 & 40.48\cdots; & \% \text{出口最大瞬时体积流量} \\ 6.59 & 31.36\cdots; & \% \text{出口最小瞬时体积流量} \\ 515 & 514\cdots; & \% \text{出口最大总压(kPa)} \\ 500 & 508\cdots \end{bmatrix} \quad \% \text{出口最小总压(kPa)}$$

将整理好的输入和期望输出向量整理好保存至 Matlab 的工作变量名为 input 和 output 的两个矩阵中,在网络训练时即可通过 Matlab 语句直接调用输入和期望输出向量中的任意部分数据。

2. 泛摆线泵特性的神经网络程序

程序如下:

```
P1=input([1:150 152:335],:);
P2=P1';
T1=output([1:150 152:335],:);
T2=T1';
net=feedforwardnet(120);  %()内数字为隐含层神经元数目;默认训练函数为 trainlm
net.trainParam.epochs=5000;
net.trainParam.goal=0.00001;
LP.lr=0.05;
net.trainParam.max_fail=50;  %确认检查值默认是6,此处设置为50
%它的意思是,在网络利用训练样本进行训练的过程中,确认样本的误差曲线连续6次
迭代不再下降。这时训练终止
net=train(net,P2,T2);  %将输入和期望输出放入网络开始训练
view(net);  %展示网络结构图
y=net(P2);  %将训练结果及输出赋值给矩阵向量 y
perf=perform(net,y,T2);  %计算期望输出和输出的均方差
disp(['mse:' num2str(mse(T6-y))]);  %计算期望输出和输出的均方差,并在结果中展示
disp(['LP.lr=' num2str(LP.lr)]);
```

程序运行结果如下:

均方差 mse:6187.8064。

图 7-3 中的框内为设定的误差 1×10^{-6},计算最终的性能误差为 1.28×10^{-7},小于设定误差,即性能目标达成,计算终止。

图 7 - 3 训练性能结果 1

图 7 - 4 中 4 个图的横坐标为计算的目标值,纵坐标为计算的实际输出值。图上方 R 为相关系数,R 值越趋近于 1,表示输出与期望输出之间的误差越小。前三个图分别为训练集、验证集、测试集的相关性,程序会自动将输入的样本集分为三份,其中训练集占总输入样本集的 70%,验证集和测试集分别占总样本的 15%。从图 7 - 4 可以看出,训练集、验证集、测试集的相关系数均较高。图 7 - 4 中 Data 为原始数据,Fit 表示拟合直线,$Y = T$ 表示目标直线。图 7 - 4 中最后一张子图为所有样本计算得到的总相关系数。

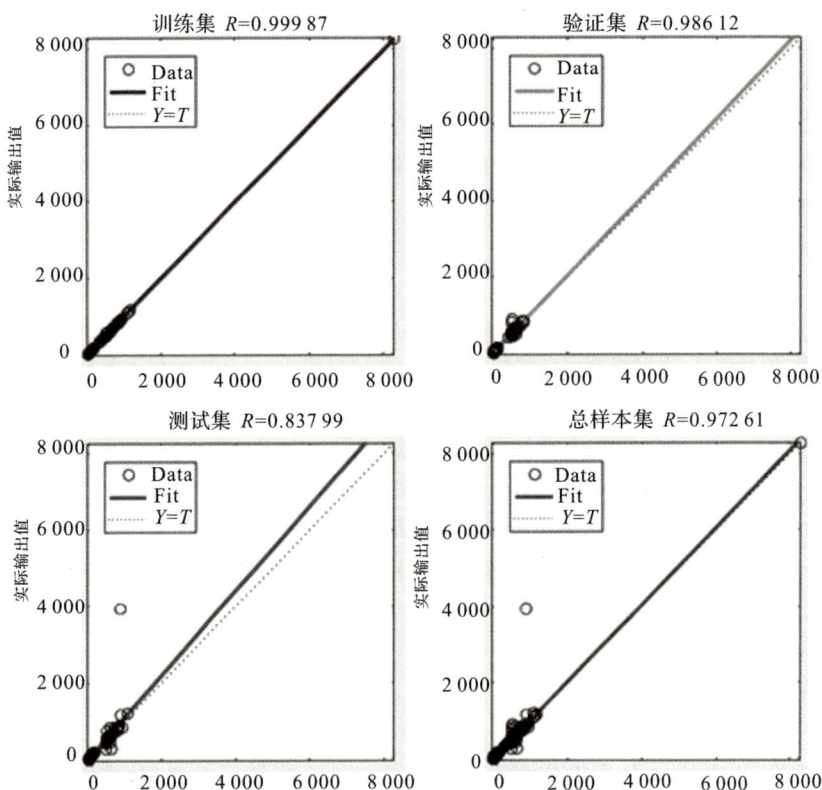

图 7 - 4 训练性能结果 2

7.6.4 训练结果的验证测试

给定拟定的输入向量和期望输出向量,通过将输入向量放入网络进行计算,得到网络输出向量。与期望输出向量作对比:

输入向量 P7＝[4.5;10;0.8;1.644;6;0;0.10;10 ;8;37;2;5;5000;4000;80;500],目标向量 T7＝[64.1;74.9;41.39;751;577],运行 net(P7),得到网络的计算结果:

O7＝[63.4063; 76.3687; 47.1755; 784.1741; 598.7347]
均方差 mse≈319.45。

可以看出,训练好的网络预测结果 T7 和目标向量非常相近,因此可以认为此时的神经网络已经训练完毕并具有较精准的预测能力。

▶ 7.7 基于神经网络算法的多参数影响下的航空泛摆线泵特性计算

第 4 章通过数值计算的方法研究了单因素变化对泵性能的影响。若要研究几个影响因素同时变化对泵性能的影响,则需要的数值计算算例将大幅度增加,若改变了模型的结构影响参数,则还需重新提取流体域,这将会耗费大量的时间和精力。采用训练好的神经网络算法可快速计算出多个影响因素同时变化下泵的性能结果。本节基于训练好的 BP 神经网络算法研究多参数同时变化对泛摆线泵特性的影响规律。选取影响航空泛摆线泵性能比较显著的几个因素中的三个(进口压力、转速、端面间隙)为变量,以此作为范例,利用 BP 神经网络算法计算分析其同时变化对泵性能的影响。必须说明的是,本节所获得的程序可以用于选择更多的因素作为变量进行计算分析,以研究其同时变化对航空泛摆线泵性能的综合影响,但是这种情况下需要更多的输入样本进行训练,才能获得更好的预测效果。

7.7.1 多因素变化对泵性能的影响

神经网络的训练输入参数主要是航空泛摆线泵的结构参数及工况参数,具体包括偏心距 e、转子宽度 B、弧径系数 h、创成系数 k、进出口油槽深度 H、端面间隙、啮合间隙、进口直径、出口直径、创成圆半径 L、泵的进油方式(单/双面进油)、运动黏度、转速、饱和蒸气压、进口压力、出口压力等 16 项。输入向量的顺序也按照上述变量顺序进行编写。本节取进口压力、转速、端面间隙为神经网络输入的变量,其余 13 项输入参数为确定量,其取值见表 7-1。

表 7-1 输入定量参数的值

e	B	h	k	H	啮合间隙	进口直径	出口直径	L	进油方式	运动黏度	饱和蒸气压	出口压力
4.5	10	0.8	1.64	6	0.10	18	12	37	2	5	4 000	500

注:表中尺寸参数的单位均为 mm;进油方式用数字表示,1 表示单面进油,2 表示双面进油;饱和蒸气压和出口压力的单位为 Pa;运动黏度的单位为 10^{-6} mm^2/s。为了防止算法出现计算溢出,取运动黏度的 10^6 倍为变量的输入值。

三个变量的取值范围如下:

转速为 2 000～7 000 r/min,进口压力范围为 60～100 kPa,端面间隙范围为 0～0.15 mm。为了减少算例个数,对每个变量在其变化范围内均匀取几个数据。其中转速取变量取 3 组数据(3 000 r/min、5 000 r/min、7 000 r/min),进口压力变量取 3 组数据(60 kPa、80 kPa、100 kPa),端面间隙变量取 3 组数据(0 mm、0.1 mm、0.15 mm),因此算下来的总算例个数为 3×3×3=27 个。

此处给出组号的编写规则示例:T123,组号中的第一位数字 1 表示转速,取其第一个值,即 2 000 r/min;组号中的第二位数字 2 表示进口压力,取其第二个值,即 80 kPa;组号中的第三位数字 3 表示端面间隙,取其第三个值,即 0.15 mm。

表 7-2 给出了由 BP 神经网络算法计算得到的输出值。

表 7-2 神经网络输入变量及输出值

序号	组号	转速 r/min	进口压力 kPa	端面间隙 mm	出口流量 L·min⁻¹	最大瞬时流量 L·min⁻¹	最小瞬时流量 L·min⁻¹	流量脉动率/(%)	压力脉动率/(%)
1	T111	3 000	60	0	38.03	39.28	31.11	21.5	1.0
2	T112	3 000	60	0.10	30.35	32.48	25.00	24.7	0.7
3	T113	3 000	60	0.15	28.80	32.63	23.10	33.1	0.9
4	T121	3 000	80	0	39.04	40.90	33.07	20.1	1.0
5	T122	3 000	80	0.10	31.00	35.08	25.13	32.1	1.0
6	T123	3 000	80	0.15	25.75	30.61	19.92	41.5	0.9
7	T131	3 000	100	0	38.39	41.74	32.30	24.6	1.2
8	T132	3 000	100	0.10	26.25	31.06	20.40	40.6	0.9

续表

序号	组号	输入变量			输出量				
		转速 r/min	进口压力 kPa	端面间隙 mm	出口流量 L·min⁻¹	最大瞬时流量 L·min⁻¹	最小瞬时流量 L·min⁻¹	流量脉动率/(%)	压力脉动率/(%)
9	T133	3 000	100	0.15	21.86	27.30	16.05	51.5	0.8
10	T211	5 000	60	0	64.61	80.82	35.50	70.1	8.5
11	T212	5 000	60	0.10	57.72	62.13	37.05	43.5	4.1
12	T213	5 000	60	0.15	55.71	59.97	35.65	43.6	3.8
13	T221	5 000	80	0	66.60	74.52	49.02	38.3	5.1
14	T222	5 000	80	0.10	59.04	62.04	46.26	26.7	2.8
15	T223	5 000	80	0.15	51.60	54.49	40.02	28.0	2.3
16	T231	5 000	100	0	67.79	71.49	59.17	18.2	2.6
17	T232	5 000	100	0.10	52.72	54.41	46.25	15.5	1.4
18	T233	5 000	100	0.15	44.87	47.15	38.72	18.8	1.2
19	T311	7 000	60	0	86.15	139.12	36.42	119.2	27.7
20	T312	7 000	60	0.10	80.92	103.83	49.75	66.8	13.0
21	T313	7 000	60	0.15	79.36	92.49	53.17	49.5	9.0
22	T321	7 000	80	0	89.83	130.02	49.37	89.8	22.0
23	T322	7 000	80	0.10	83.01	98.18	55.78	51.1	10.1
24	T323	7 000	80	0.15	76.84	84.99	53.31	41.2	6.9
25	T331	7 000	100	0	91.83	121.04	57.41	69.3	17.2
26	T332	7 000	100	0.10	77.70	86.81	53.68	42.6	7.3
27	T333	7 000	100	0.15	71.44	76.64	49.67	37.8	5.4

注:表中流量的单位为 L/min,其余单位同表 7-1 中单位。其中流量脉动率和压力脉动率是根据网络计算得到的时均流量和最大、最小瞬时流量计算得到的。

如第 13 组算例,对应的组号为 T221。其对应的工况在前期仿真中已经计算过。其中三个变量的取值分别为:转速 5 000 r/min,进口压力 80 kPa,端面间隙 0。其余输入参数为定值,其取值见表 7-1。向量 P13 中加下画线的数据即为输入的三个变量。因此其对应的一条神经网络的输入向量为:

P13=[4.5;10;0.8;1.644;6;0;0.10;18;12;37;2;5;5000;4000;80;500]

同理可编写出其余 26 组的入向量。此处不赘述。

由表 7-3 可以看出,BP 神经网络算法计算结果与仿真结果相近,误差较小。

表 7-3　数值计算和 BP 神经网络算法结果对比

计算方法	时均流量 $\overline{\text{L} \cdot \text{min}^{-1}}$	最大瞬时流量 $\overline{\text{L} \cdot \text{min}^{-1}}$	最小瞬时流量 $\overline{\text{L} \cdot \text{min}^{-1}}$	流量脉动率 $\overline{\%}$	压力脉动率 $\overline{\%}$
机器算法	66.60	74.52	49.02	38.3	5.1
数值计算	66.54	75.00	46.59	42.7	5.6

表 7-2 中给出了三个变量(p_{inlet}、n、δ_1)自由组合下的计算结果,可以得出结论:

(1)$n=$const,$p_{\text{inlet}}\uparrow$、$\delta_1\uparrow$。

由表 7-4 可知,对比第 1、5、9 组,转速一定时,随着进口压力和端面间隙同时增大,出口体积流量减小,流量脉动增大。

表 7-4　数值计算和 BP 神经网络算法结果对比

序号	组号	输入变量			输出量				
		转速 $\overline{\text{r/min}}$	进口压力 $\overline{\text{kPa}}$	端面间隙 $\overline{\text{mm}}$	出口流量 $\overline{\text{L} \cdot \text{min}^{-1}}$	最大瞬时流量 $\overline{\text{L} \cdot \text{min}^{-1}}$	最小瞬时流量 $\overline{\text{L} \cdot \text{min}^{-1}}$	流量脉动率 $\overline{\%}$	压力脉动率 $\overline{\%}$
1	T111	3 000	60	0	38.03	39.28	31.11	21.5	1.0
5	T122	3 000	80	0.10	31.00	35.08	25.13	32.1	1.0
9	T133	3 000	100	0.15	21.86	27.30	16.05	51.5	0.8

(2)$p_{\text{inlet}}=$const,$n\uparrow$、$\delta_1\uparrow$。

由表 7-5 可知,对比第 1、11、21 组,在进口压力一定情况下,随着转速和端面间隙同时增大,出口体积流量增大,流量脉动增大,压力脉动增大。

表 7-5　神经网络输入变量及输出值

序号	组号	输入变量			输出量				
		转速 $\overline{\text{r/min}}$	进口压力 $\overline{\text{kPa}}$	端面间隙 $\overline{\text{mm}}$	出口流量 $\overline{\text{L} \cdot \text{min}^{-1}}$	最大瞬时流量 $\overline{\text{L} \cdot \text{min}^{-1}}$	最小瞬时流量 $\overline{\text{L} \cdot \text{min}^{-1}}$	流量脉动率 $\overline{\%}$	压力脉动率 $\overline{\%}$
1	T111	3 000	60	0	38.03	39.28	31.11	21.5	1.0
11	T212	5 000	60	0.10	57.72	62.13	37.05	43.5	4.1
21	T313	7 000	60	0.15	79.36	92.49	53.17	49.5	9.0

（3）$\delta_1=$const，$n\uparrow$、$p_{\text{inlet}}\uparrow$。

由表7-6可知，对比第1、13、25组，在端面间隙一定的情况下，随着转速和进口压力同时增大，出口体积流量增大，流量脉动增大，压力脉动增大。

表7-6 神经网络输入变量及输出值

序号	组号	输入变量			输出量				
		转速 r/min	进口压力 kPa	端面间隙 mm	出口流量 L·min⁻¹	最大瞬时流量 L·min⁻¹	最小瞬时流量 L·min⁻¹	流量脉动率 %	压力脉动率 %
1	T111	3 000	60	0	38.03	39.28	31.11	21.5	1.0
13	T221	5 000	80	0	66.60	74.52	49.02	38.3	5.1
25	T331	7 000	100	0	91.83	121.04	57.41	69.3	17.2

（4）$n\uparrow$、$p_{\text{inlet}}\uparrow$、$\delta_1\uparrow$。

由表7-7可知，对比第1、14、17组，随着转速、进口压力、端面间隙同时增大，出口体积流量增大，流量脉动增大，压力脉动增大。

表7-7 神经网络输入变量及输出值

序号	组号	输入变量			输出量				
		转速 r/min	进口压力 kPa	端面间隙 mm	出口流量 L·min⁻¹	最大瞬时流量 L·min⁻¹	最小瞬时流量 L·min⁻¹	流量脉动率 %	压力脉动率 %
1	T111	3 000	60	0	38.03	39.28	31.11	21.5	1.0
14	T222	5 000	80	0.10	59.04	62.04	46.26	26.7	2.8
27	T333	7 000	100	0.15	71.44	76.64	49.67	37.8	5.4

（5）利用BP神经网络算法可快速计算出多种组合工况下的结果，能够进行多因素分析。利用结论（1）~（4），从表7-2中还可以分析三个变量同时减小，或者固定一个变量，其余一个增大、一个减小情况下的泵的特性规律。

7.7.2 影响航空泛摆线泵BP神经网络算法结果可靠性的因素

本章因为变量数少，神经网络的计算结果更准确。当输入变量较多时，网络的复杂程度会显著增大。影响BP神经网络计算结果的可靠性的因素主要有：

（1）训练输入样本的覆盖面即工况包线及结构包线。输入样本的覆盖范围更广，其预测性能更准确；若输入向量在输入训练样本的包线之外，则BP网络计算得出的输出值参考性较差。本章研究的各个参数的训练样本的范围即为包线。例如,进口压力的包线范围为 20~100 kPa,出口压力的包线范围 500~800 kPa,等等。

(2)输入样本的个数。输入样本的个数越多,网络训练结果越准确,且数据需要预处理,尽量避免输入样本中各个神经元的数量级差太大。例如本计算训练样本中,运动黏度的值为 0.000 005 m^2/s,压力为 20 000~80 000 Pa,而其余输入参数的值基本在 10~1 000 的量级范围内,因此需要将运动黏度的输入单位改为 mm^2/s,压力单位改为 kPa,尽量保证所有输入参数的值在一定的量级范围内。

(3)神经元的个数:神经元个数越多,网络越复杂,其计算效果越差,需要的训练样本数量也越多。

(4)由单因素仿真计算得到并通过验证的输入样本和输出样本可以作为神经网络计算的训练样本,但是实验结果作为训练样本效果更好。

(5)训练函数的选择、学习率、隐含层神经元数、误差收敛的判据等都会影响网络预测的准确性。其选择的方法在本章中已详细介绍过,此处不赘述。

▶ 7.8 本 章 小 结

本章基于第 6 章构建的数据库,以 Matlab 平台建立了一种基于航空泛摆线泵特性的 BP 神经网络算法。其中详细地描述了建立算法的思想、原理和过程。同时利用 BP 神经网络算法进行了多因素影响下的航空泛摆线泵的性能预测和分析。本章给读者提供了一种神经网络算法应用于航空泛摆线泵优化设计中的简单方式,设计者可以通过将神经网络算法与机器学习、数据挖掘等技术相结合,从大量数据中挖掘出有价值的信息和规律,为航空泛摆线泵的优化设计提供新的思路和方法。随着信息技术的发展,还可以结合其他先进技术(如遗传算法、粒子群算法等)进行混合优化,进一步提高设计效率和准确性。

参 考 文 献

[1] 赵连春,许贤良,栾振辉,等.平衡式复合齿轮泵的流量特性[J].机械工程学报,1999,35(2): 66 - 69.

[2] 范明豪,杨华勇,许贤良,等.复合齿轮泵流量特性及计算机仿真[J].机床与液压,2000 (6):10 - 11.

[3] 赵菊娣.圆弧提线齿轮油泵的齿廓曲线参数优化设计[J].流体机械,2003,31(7): 18 - 21.

[4] 李秀明.高粘度齿轮泵特性分析及齿轮参数优化 [D].郑州:郑州机械研究所,2002.

[5] 陈博,王平军,胡金山.基于遗传算法的齿轮泵结构优化设计[J].机床与液压,2004(12):96 - 98.

[6] CAI H,YANG W M,LIU G M. Design of gerotor oil pump with new rotor profile for improving performance[J]. Proceedings of the Institution of Mechanical Engineers Part C: Journal of Mechanical Engineering Science,2016,230(4):592 - 601.

[7] SHIN C Y,PARK G Y,KIM H Y,et al. Optimal design of gerotor profile with 2-expanded ovoid lobe shape[J]. Transactions of the Korean Society of Mechanical Engineers A,2022,46 (4):355 - 362.

[8] LEE C,JANG H,KWAK H,et al. Optimal design of gerotor profile with lemniscate lobe shape for noise reduction[J]. International Journal of Precision Engineering and Manufacturing,2021,22 (9):1595 - 1608.

[9] HAO M H,ZHOU Y,HAO S H. Manufacturing and study on influence of changes in center distance in circle arc-involute-circle arc gear pump operating at high pressure and high speed[J]. Proceedings of the Institution of Mechanical Engineers Part C:Journal of Mechanical Engineering Science,2016,230(18):3285 - 3297.

[10] ZHOU Y,HAO S H,HAO M H. The tooth profile design and examination of circular-arc gear pump[J]. Applied Mechanics and Materials,2014,(672/673/674): 1604 - 1607.

[11] 王浩孚. 摆线副齿腔困油的计算方法[J]. 机床与液压,1992(2):35-37.

[12] 赵亮,王冬屏,任喜岩. 齿侧间隙很小时齿轮泵困油问题分析[J]. 机械工程学报,1999,35(6):77-80.

[13] 甘学辉,侯东海,吴晓铃. 斜齿齿轮泵无侧隙啮合困油特性的研究[J]. 机械工程学报,2003,39(2):145-149.

[14] WANG Y,WANG S H,LI K K,et al. The performance simulation for a gear pump by trapped oil model[C]//International Conference on Mechanical and Aerospace Engineering,July 14,2020,Athens,Greece. Athens:ICMAE 2020 Organizing Committee,2020:89-96.

[15] RUNDO M. Theoretical flow rate in crescent pumps[J]. Simulation Modelling Practice and Theory,2017,71:1-14.

[16] YANG G L,LI M X,WANG J Z,et al. A new way to eliminate the phenomenon of trapping oil in gear pumps[J]. Applied Mechanics and Materials,2014,628:181-185.

[17] REN Z X,LIU C Y,LI Y L. Flow characteristic and trapping characteristics of cycloid rotor pump[J]. Open Mechanical Engineering Journal, 2015,9(1):449-454.

[18] LI Y L,LIU K,SUN F C. Dynamic model of gears with trapped oil and coupled analysis in external spur-gear pump[J]. Applied Mechanics and Materials,2012,81(4):130-134.

[19] WANG H,DU S S. External gear pump model and simulation[J]. Applied Mechanics and Materials,2011,127:228-232.

[20] HUSSAIN T,KUMAR M U,SARANGI N,et al. A study on effect of operating conditions on gerotor pump performance[J]. Defence Science Journal,2022,72(2):146-150.

[21] HUSSAIN T,SARANGI N,SIVARAMAKRISHNA M,et al. A simulation study of lubricating oil pump for an aero engine[J]. Journal of Mechanical Engineering,2021,18(3):113-129.

[22] TIAN Y Q,ZHANG Y Q,HAN X,et al. Analysis of the flow pulsation characteristics of the gear pump used in electro-hydrostatic actuator[J]. Journal of Physics Conference Series,2023,2459(1):012082.

[23] CAO R,LI H C,ZHU J X,et al. Analysis of pressure pulsation in aviation gear pump[J]. Journal of Physics Conference Series, 2021,

1786：012016.

[24] MARINARO G，FROSINA E，SENATORE A. A numerical analysis of an innovative flow ripple reduction method for external gear pumps [J]，Energies，2021，14(2)：471-478.

[25] TIAN H. Dynamic pressure simulation of an external gear pump with relief chamber using a morphological approach[J]. IEEE Access，2018，6：77509-77518.

[26] OH J，PARK S Y. Analytical study on cavitation characteristics of gerotor oil pump[J]. Transactions of the Korean Society of Automotive Engineers，2023，31(4)：293-298.

[27] ZHOU P J，CUI J Y，XIAO G，et al. Numerical study on cavitating flow-induced pressure fluctuations in a gerotor pump[J]. Energies，2023，16(21)：7301-7308.

[28] 朱继华，裴帮，侯东海，等. 外啮合摆线类齿轮泵啮合原理及参数设计 [J]. 机械传动，2004，28(1)：10-13.

[29] 赵菊娣.新型直齿内啮合齿轮泵的齿形分析[J].机械设计与制造，2003(2)：83-84.

[30] 叶仲和，陈传铭，陈瑞良，等.外圆弧及其包络线齿形的楔块式内啮合齿轮泵的齿廓方程及性能分析[J].液压与气动，2004(3)：43-46.

[31] 苏欣平，郭仲，魏晓光，等. 基于MATLAB的复合齿轮泵流量脉动特性的仿真[J]. 中国工程机械学报，2009，7(3)：343-345.

[32] 董庆伟，王义城，李阁强，等. 温度对双圆弧斜齿齿轮泵性能的数值模拟研究[J]. 液压气动与密封，2023，43(10)：1-6.

[33] 董庆伟，刘理想，李阁强. 双圆弧斜齿齿轮泵泄漏研究及最佳间隙设计 [J]. 流体机械，2022，50(3)：60-65.

[34] 冯伟，刘会祥，何俊，等. 双圆弧斜齿齿轮泵压力脉动试验与分析[J]. 导弹与航天运载技术，2020(6)：63-67.

[35] 李阁强，张龙飞，韩伟锋，等. 双圆弧斜齿齿轮泵脉动特性分析及齿形设计[J]. 中国机械工程，2018，29(2)：186-192.

[36] 罗欢.某双离合变速器油泵齿轮啮合间隙过小产生噪声的原因分析与改进研究 [J].汽车与驾驶维修:维修版，2023，(5)：43-45.

[37] 杨华. 齿轮泵降噪分析与措施[J]. 液压气动与密封，2023，43(2)：81-83.

[38] 强彦，姜志远，魏列江，等. 基于Lighthill声类比法的外啮合齿轮泵流

致噪声特性研究[J]. 液压与气动,2022,46(4):1-9.

[39] 叶清.内啮合齿轮泵几何参数及流量脉动的研究[D].兰州:兰州理工大学,2007.

[40] 陈英.外啮合齿轮泵的间隙优化及振动和噪声的研究[D].长春:吉林大学,2004.

[41] LEE M C,KWAK H S,KIM H J,et al. Design of gerotor oil pump with expanded cardioid lobe shape to reduce noise[J]. Journal of the Korean Society for Precision Engineering,2018,35(8):761-767.

[42] LEE S H,KWAK H S,HAN G B,et al. Design of gerotor oil pump with 2-expanded cardioids lobe shape for noise reduction[J]. Energies,2019,12(6):1126-1132.

[43] ZHAN P,YAN Q,JIANG Z Y, et al. Study on mechanism and suppression method of flow-induced noise in high-speed gear pump[J]. Archives of Acoustics,2024,49 (1):49-60.

[44] 董庆伟,刘理想,李阁强,等. 双圆弧斜齿轮泵高速高压化流量脉动研究[J]. 机械设计,2023,40(5):21-26.

[45] 谢柯强.高速高压双圆弧斜齿齿轮泵动态特性研究[D].洛阳:河南科技大学,2020.

[46] 吴鹏飞.高压内啮合齿轮泵内部泄漏分析及力学行为研究[D].杭州:浙江大学,2018.

[47] HAN G Z,HUANG K,XIONG Y S,et al. Fluid analysis of the cavitation of the microsegment gear pump operating at high-pressure condition [J]. Proceedings of the Institution of Mechanical Engineers Part E: Journal of Process Mechanical Engineering,2023.

[48] LIU Y Y,LI Y R,WANG L Q. Experimental and theoretical studies on the pressure fluctuation of an internal gear pump with a high pressure [J]. Proceedings of the Institution of Mechanical Engineers Part C: Journal of Mechanical Engineering Science,2019,233 (3):987-996.

[49] LIU Y Y,AN K,LIU H,et al. Numerical and experimental studies on flow performances and hydraulic radial forces of an internal gear pump with a high pressure[J]. Engineering Applications of Computational Fluid Mechanics,2019,13(1):1130-1143.

[50] FROSINA E,SENATORE A,RIGOSI M. Study of a high-pressure

external gear pump with a computational fluid dynamic modeling approach[J]. Energies,2017,10(8):1 – 20.

[51]　董庆伟,朱景龙,李阁强,等. 高速高压双圆弧斜齿齿轮泵空化抑制措施研究[J]. 液压气动与密封,2023,43(7):49 – 55.

[52]　朱景龙,董庆伟,李阁强,等. 高速高压圆弧螺旋齿轮泵漩涡空化数值模拟研究[J]. 机床与液压,2022,50(18):107 – 111.

[53]　宋宝玉,李书仪,周洋,等. 高压高速小型化圆弧齿轮泵体的设计和优化[J]. 机械设计,2018,35(9):27 – 30.

[54]　Zhou,Yang,Hao,Shuanghui,Hao,Minghui. Design and performance analysis of a circular-arc gear pump operating at high pressure and high speed[J]. Proceedings of the Institution of Mechanical Engineers Part C: Journal of Mechanical Engineering Science,2016,230(2):189 – 205.

[55]　HUANG K,HAN G Z,XIONG Y S,et al. Design and fluid analysis of the microsegment gear tooth profile for pump operating at high speed and high pressure[J]. Proceedings of the Institution of Mechanical Engineers Part E: Journal of Process Mechanical Engineering,2023,183 (2):184 – 189.

[56]　徐学忠. 内啮合摆线齿轮泵的理论研究与仿真[D]. 南京:东南大学,2005.

[57]　曹逸韬. 高转速航空泛摆线滑油泵的研究[D]. 南昌:南昌航空大学,2015.

[58]　王上. 航空燃油齿轮泵设计及仿真技术研究[D]. 西安:西北工业大学,2018.

[59]　李远庆. 准纯滚动啮合的泛摆线齿轮传动[J]. 机械传动,2010,34 (11):6 – 15.

[60]　徐学忠,吴永祥. 多齿差摆线泵滑动系数的研究[J]. 机床与液压,2006 (12):41 – 43.

[61]　张平格. 液压传动与控制[M]. 北京:冶金工业出版社,2004.

[62]　毛华永,李国祥,徐秀兰,等. 摆线转子式齿轮泵的设计[J]. 粉末冶金技术,2003(5):282 – 286.

[63]　浦志理. 航空油泵设计[M]. 北京:国防工业出版社,1982.

[64]　FARAZ A,OMER C,ASGHAR L,et al. Characterization of lubricating oil effects on the performance of reciprocating compressors in air-water

heat pumps[J]. International Journal of Refrigeration，2016，74：505 – 516.

[65] 张铁柱，张洪信，赵红. 非接触式转子泵转子理论型线与实际型线设计[J]. 机械工程学报，2002，38(11)：152 – 155.

[66] 徐学忠. 摆线泵流量特性分析及计算机仿真[J]. 机械传动，2006，30(6)：42 – 44.

[67] SINGHAL A K，ATHAVALE M M，LI H Y，et al. Mathematical basis and validation of the full cavitation model[J]. Journal of Fluids Engineering，2002，124(3)：617 – 624.

[68] PLESSET M S. Bubble dynamics and cavitation erosion[J]. Journal of Engineering Mathematics，1974，8(1)：203 – 209.

[69] 杨旭伟，张强，赵龙，等. 液压齿轮泵主动轴断裂原因分析[J]. 液压气动与密封，2020，40(7)：68 – 69.

[70] ZOUANI A，MARRI V. Optimal pressure relief groove geometry for improved NVH performance of variable displacement oil pumps[J]. SAE International Journal of Advances and Current Practices in Mobility，2019，1(4)：1790 – 1794.

[71] ZANG K J，ZHOU X，GU L Z，et. al. Study on new method of reducing the trap pressure of gear pump[J]. China Mechanical Engineering，2004，15(7)：578 – 581.

[72] ZANG K J，ZHOU X，LI C H，et al. Study on unload-pressure-relief groove in gear pump[C]//The Fifth International Symposium on Fluid Power Transmission and Control. 2007.11.03，长沙. 北京：中国机械工程学会，2007：280 – 284.

[73] ZOUANI A，MARRI V. Optimal pressure relief groove geometry for improved NVH performance of variable displacement oil pumps[J]. SAE International Journal of Advances and Current Practices in Mobility，2019，1(4)：1790 – 1794.

[74] 齐国宁，吴宝海，符江锋. 高速高压燃油齿轮泵典型卸荷槽对比分析[J]. 航空学报，2024，45(5)：336 – 351.

[75] CHOUGALE A，BHAT J，DESAI M，et al. Effect of operating parameters of worm gearbox on lubricant oil temperature[J]. Materials today proceedings，2022，52：2201 – 2204.

[76] ZHAO Z B,XU J F,ZANG Y L,et al. Adaptive abnormal oil temperature diagnosis method of transformer based on concept drift[J]. Applied Sciences,2021,11(14):6322 – 6322.

[77] JIANG Y,LI M,WANG Y G,et al. Study on flow rate and flow field characteristics of gerotor pump with multi-arc combined profile[J]. Society of Automotive Engineers,2022,15(05):459 – 469.

[78] LEE C,JANG H,KWAK H,et al. Optimal design of gerotor profile with lemniscate lobe shape for noise reduction[J]. International Journal of Precision Engineering and Manufacturing,2021,22 (9):1595 – 1608.

[79] HUSSAIN T, SIVARAMAKRISHNA M, KUMAR S P. In-house development of gerotor pump for lubrication system of a gas turbine engine[C]//Proceedings of the ASME Gas Turbine India Conference, December 1 – 3, 2015,Hyderabad, India. Hyderabad:American Society of Mechanical Engineers,2015:44 – 54.

[80] IVANOVIC L , ILIC A , STOJANOVIC B ,et al. Influence of leakage clearance of pressure variation in gerotor pump chambers[J]. Machine Design, 2017,9(4):145 – 150.

[81] 黄健,刘振侠,张丽芬,等. 端面间隙对齿轮泵性能影响的数值模拟研究[J]. 机床与液压, 2011, 39(13): 36 – 38.

[82] KNAPP R T. Cavitation and nuclei[J]. Transaction of the ASME,1958 (80): 1315 – 1324.

[83] 刘晓岚. 高速齿轮燃油泵空化特性数值研究[D]. 石家庄:河北科技大学,2019.

[84] YOUNGR F. Cavitation[M]. London:McGraw-Hill,1989.

[85] 克里斯托弗. 泵流体力学[M]. 潘中永,译. 镇江:江苏大学出版社:2012.

[86] 郑水华,牟成琪,谷云庆,等. 凸舌油槽对摆线转子泵空化特性的影响[J]. 农业机械学报,2019,50(3):412 – 419.

[87] HAM J,KIM S,OH J,et al. Theoretical investigation of the effect of a relief groove on the performance of a gerotor oil pump[J]. Journal of Mechanical Science And Technology,2018,32 (8):3687 – 3698.

[88] HU X X, SONG B B, DAI X X, et al. Research of gear contact based on Hertz contact theory[J]. Journal of Zhejiang University of Technology, 2016, 44(1):19 – 22.

[89] 卞学良. 摆线泵和摆线马达齿形参数优化设计[J]. 河北工学院学报,1995 (4):103-108.

[90] 叶宪枝. 圆弧-摆线转子泵结构设计及流场特性仿真分析[D]. 重庆:重庆大学,2012.

[91] 袁文华,龚金科. 转子式机油泵内、外转子动态接触分析[J]. 拖拉机与农用运输车,2006,33(3):34-35.

[92] 邓新源,蔡皓. 转子式机油泵运动件动力学接触仿真分析[J]. 湖南农机,2009,36(1):20-22.

[93] 毛华永,李国祥,胡云萍,等. 摆线转子泵进、排油腔的设计计算[J]. 山东大学学报(工学版),2005(5):23-27.

[94] 毛华永,李国祥,刘海涛,等. 摆线转子泵转子结构参数的确定[J]. 农业机械学报,2006(2):45-47.

[95] 蒲志理. 航空低压油泵[M]. 北京:国防工业出版社,1975.

[96] 秦云,张钊源,袁寿其,等. 基于深度神经网络的多级高压提水泵故障辨识[J]. 农业工程学报,2022,38(14):27-34.

[97] 张乃尧,阎平凡. 神经网络与模糊控制[M]. 北京:清华大学出版社,1998.

[98] 刘增良,刘有才. 模糊逻辑与神经网络:理论研究与探索[M]. 北京:北京航空航天大学出版社,1996.

[99] 桂现才. BP 神经网络在 MATLAB 上的实现与应用[J]. 湛江师范学院学报,2004(3):81-85.

[100] 徐庐生. 微机神经网络[M]. 北京:中国医药科技出版社,1995.

[101] 高大启. 有教师的线性基本函数前向三层神经网络结构研究[J]. 计算机学报,1998,21(1):80-85.

[102] 闵惜琳,刘国华. 用 MATLAB 神经网络工具箱开发 BP 网络应用[J]. 计算机应用,2001,21(4):163-164.

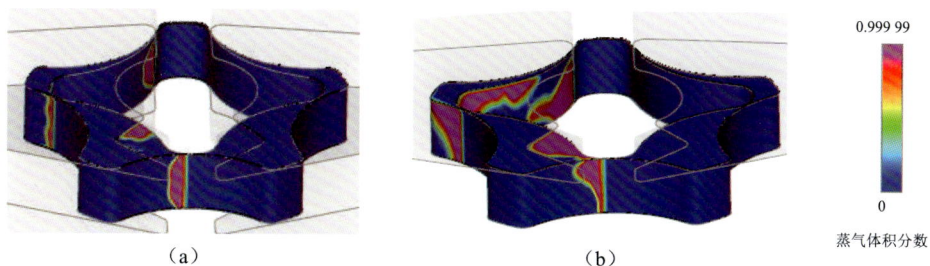

（a）   （b）

蒸气体积分数

图 4-19 单双面进油空化现象对比（转速 5 000 r/min）

（a）双面轴向进油；（b）单面轴向进油

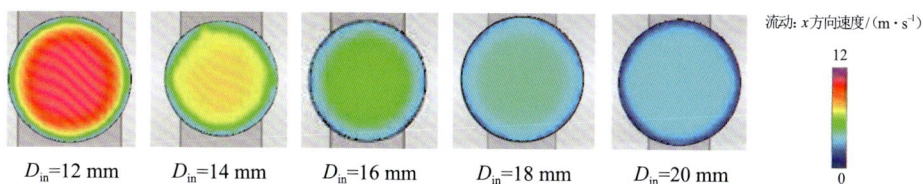

流动：x 方向速度/(m·s⁻¹)

D_{in}=12 mm D_{in}=14 mm D_{in}=16 mm D_{in}=18 mm D_{in}=20 mm

图 4-30 入口压力 60 kPa、转速 4 000 r/min 下入口截面速度云图

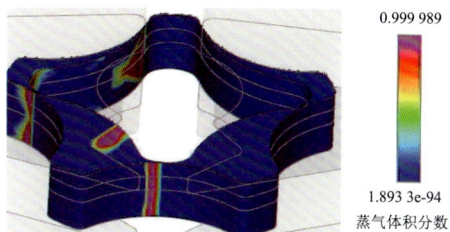

蒸气体积分数

图 4-34 转速 5 000 r/min、80～500 kPa
下的空化（B=12 mm）

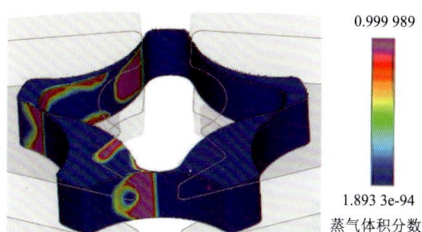

蒸气体积分数

图 4-35 转速 6 000 r/min，80～500 kPa
下的空化（B=12 mm）

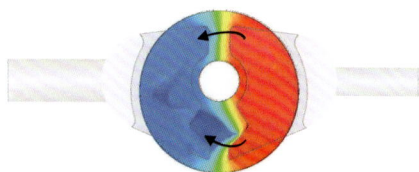

图 4-49 端面间隙内的压力云图

图 5-3 挡板气蚀位置

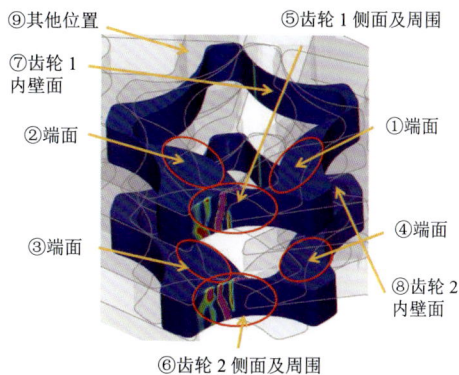

⑨其他位置   ⑤齿轮 1 侧面及周围
⑦齿轮 1
内壁面   ①端面
②端面
                                            ④端面
③端面
                                            ⑧齿轮 2
                                            内壁面
⑥齿轮 2 侧面及周围

图 5-6 气蚀可能出现的位置标记

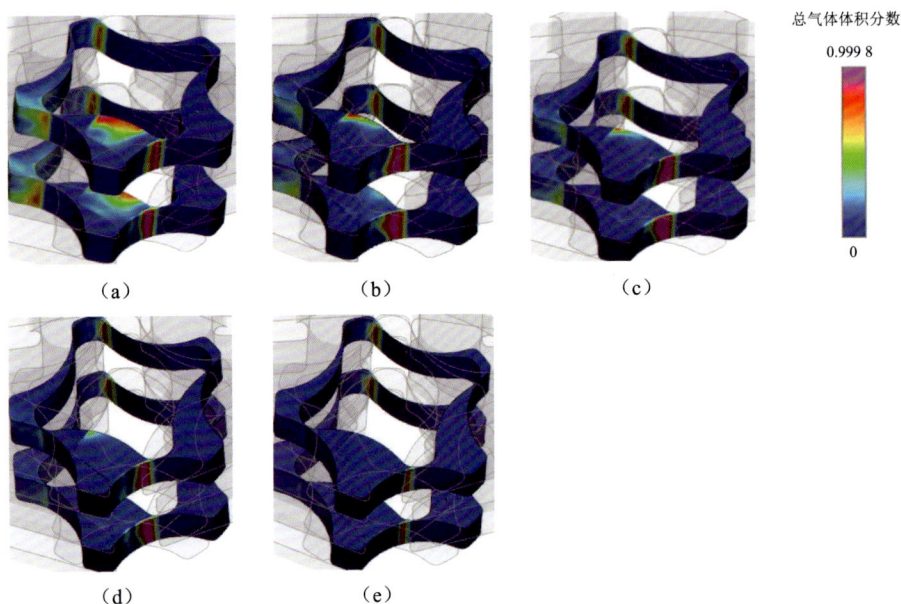

图 5-7　转速 5 000 r/min、不同入口压力下的空化分布（齿轮角度：−22.5°）

（a）入口压力 60 kPa；（b）入口压力 80 kPa；（c）入口压力 90 kPa；
（d）入口压力 100 kPa；（e）入口压力 120 kPa

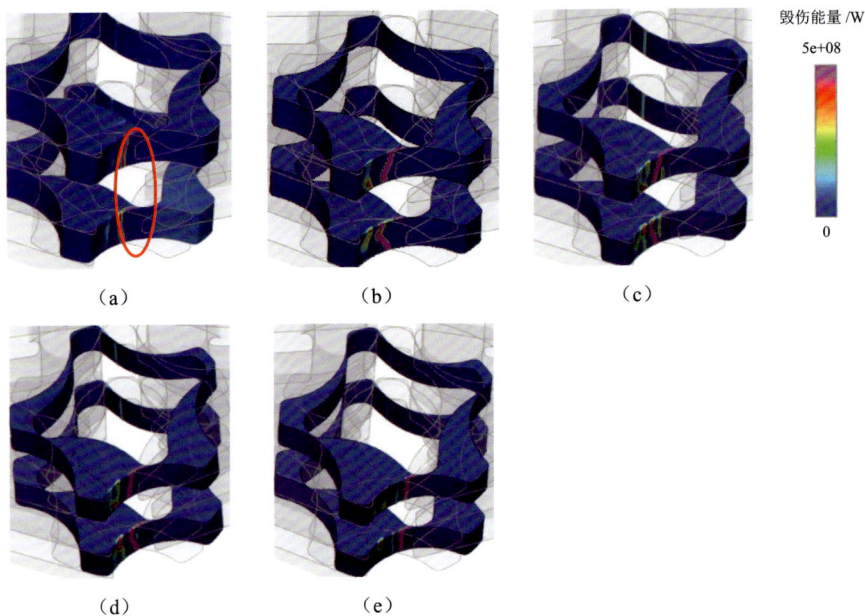

图 5-8　转速 5 000 r/min、不同入口压力下的气蚀分布（齿轮角度：−22.5°）

（a）入口压力 60 kPa；（b）入口压力 80 kPa；（c）入口压力 90 kPa；
（d）入口压力 100 kPa；（e）入口压力 120 kPa

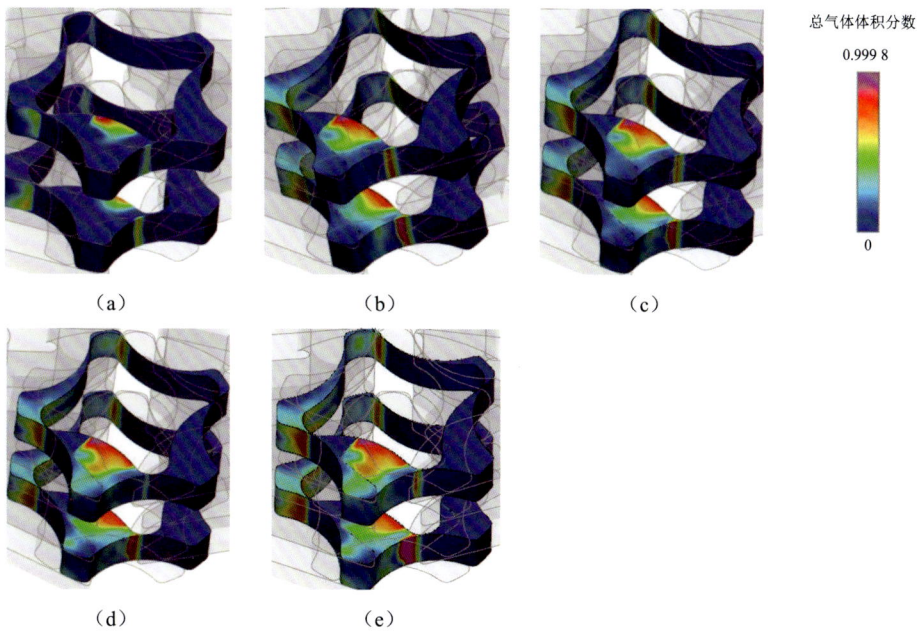

图 5-9 入口压力 60 kPa、不同转速下的空化分布（齿轮角度：−22.5°）

（a）5 000 r/min；（b）5 400 r/min；（c）5 600 r/min；（d）6 000 r/min；（e）6 500 r/min

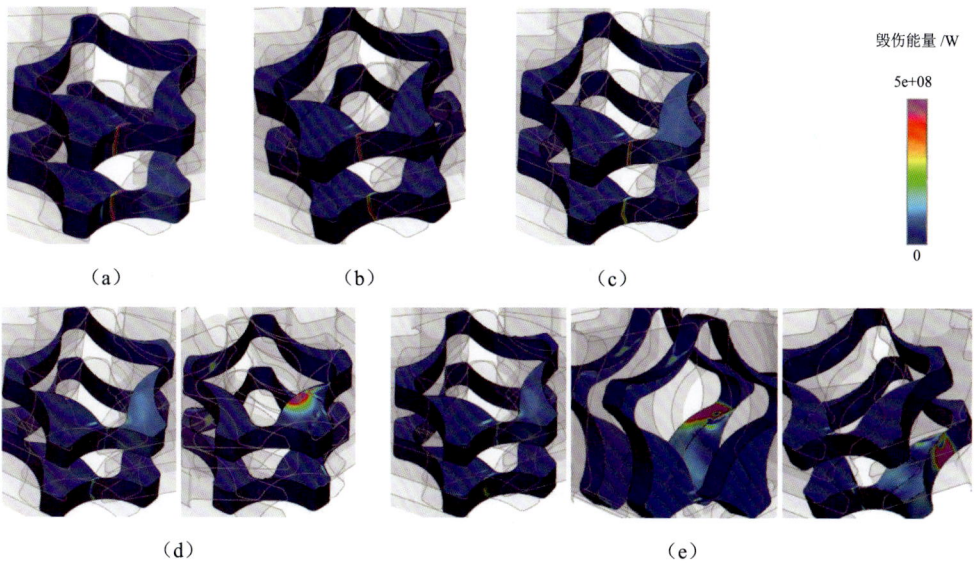

图 5-10 入口压力 60 kPa、不同转速下的气蚀分布

（a）5 000 r/min，−22.5°；（b）5 400 r/min，−22.5°；（c）5 600 r/min，−22.5°；
（d）6 000 r/min，−22.5°和 +22.5°；（e）6 500 r/min，−22.5°，0°，0°

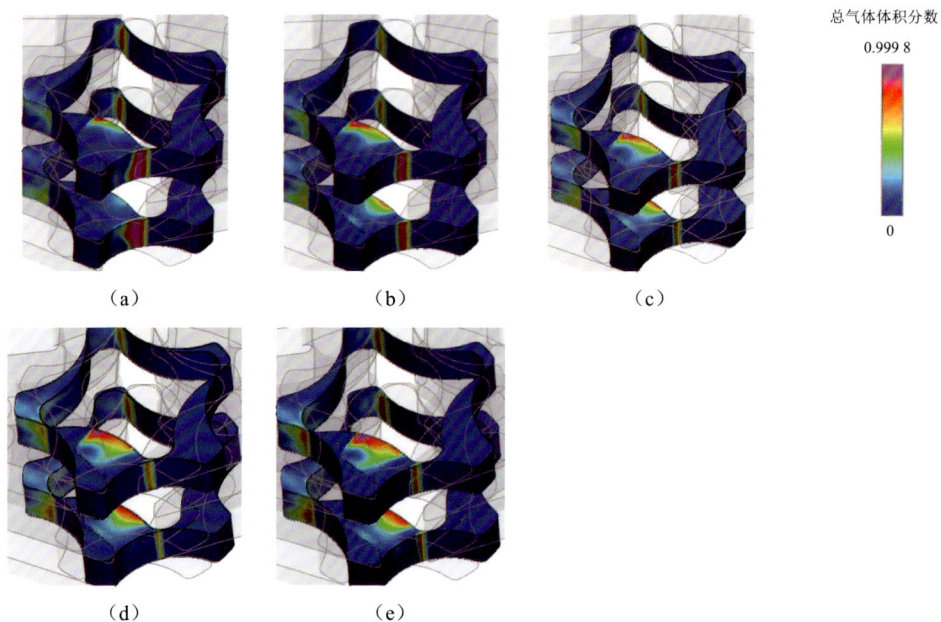

图 5-11　入口压力 80 kPa、不同转速下的空化分布（齿轮角度：−22.5°）

（a）5 000 r/min；（b）5 400 r/min；（c）5 600 r/min；（d）6 000 r/min；（e）6 500 r/min

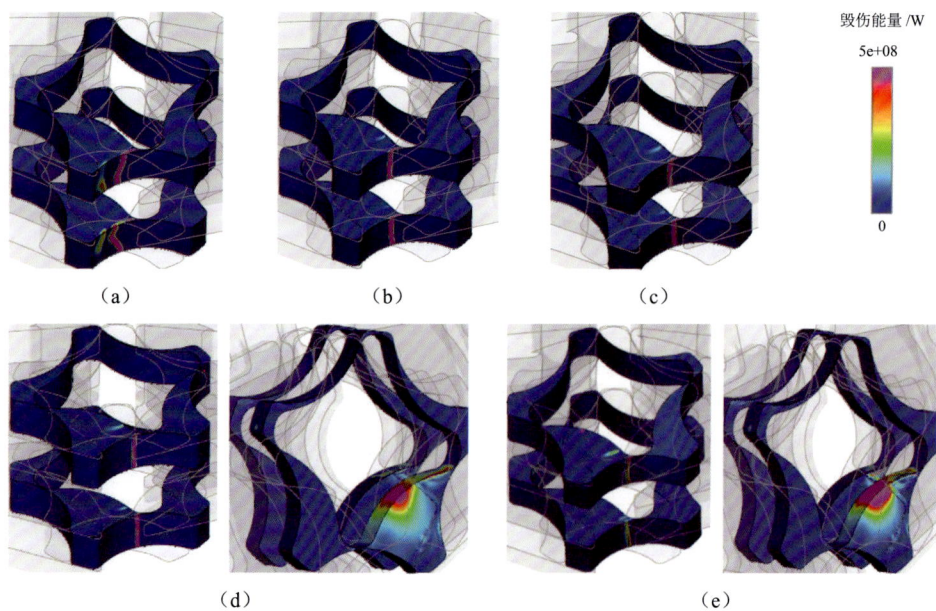

图 5-12　入口压力 80kPa、不同转速下的气蚀分布

（a）5 000 r/min，−22.5°；（b）5 400 r/min，−22.5°；（c）5 600 r/min，−22.5°；

（d）6 000 r/min，−22.5°和 +22.5°；（e）6 500 r/min，−22.5°和 +22.5°

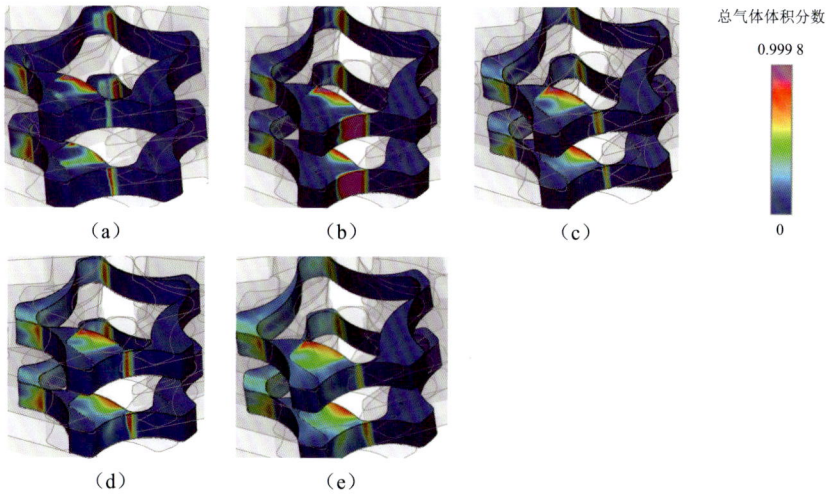

图 5-14　转速 6 000 r/min、不同含气量下的空化分布对比（齿轮角度：−22.5°）

(a) $g_f=3\times10^{-5}$；　(b) $g_f=5\times10^{-5}$；　(c) $g_f=1.05\times10^{-4}$；　(d) $g_f=1.676\times10^{-4}$；　(e) $g_f=2.374\times10^{-4}$

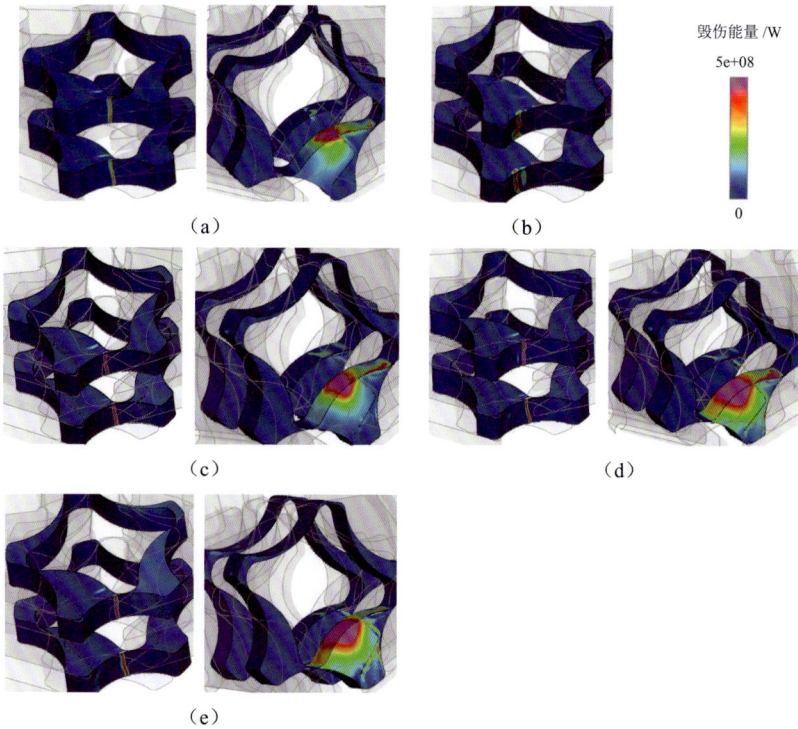

图 5-15　转速 6 000 r/min、不同含气量下的气蚀分布对比

(a) $g_f=3\times10^{-5}$，−22.5° 和 +22.5°；　(b) $g_f=5\times10^{-5}$，−22.5°；
(c) $g_f=10.5\times10^{-5}$，−22.5° 和 +22.5°；　(d) $g_f=1.676\times10^{-4}$，−22.5° 和 +22.5°；
(e) $g_f=2.374\times10^{-4}$，−22.5° 和 +22.5°

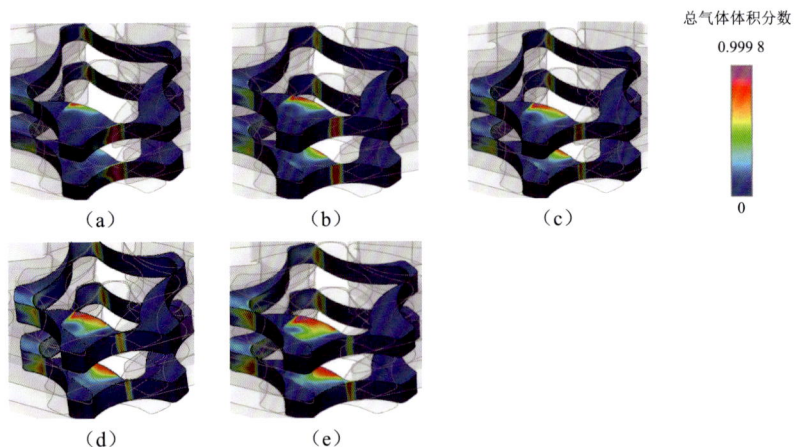

图 5-16　含气量 1.05×10⁻⁴、不同转速下的空化分布对比（齿轮角度：−22.5°）

（a）5 000 r/min；（b）5 400 r/min；（c）5 600 r/min；（d）6 000 r/min；（e）6 500r/min

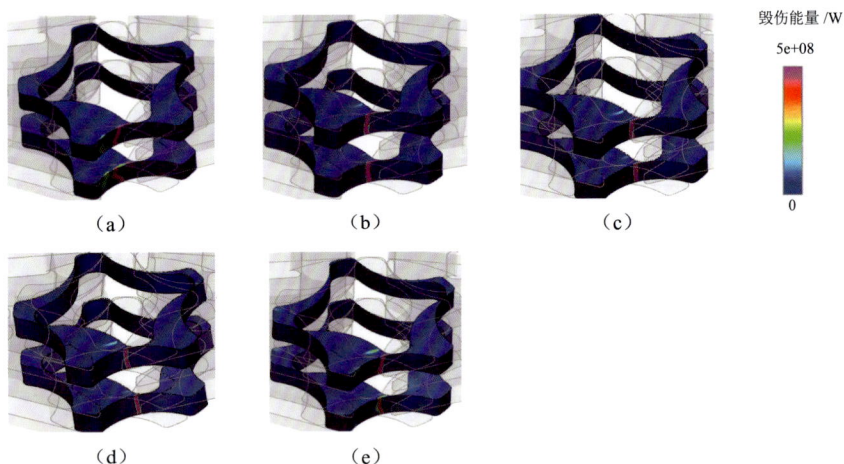

图 5-17　含气量 1.05×10⁻⁴、不同转速下的气蚀分布对比（齿轮角度：−22.5°）

（a）5 000 r/min；（b）5 400 r/min；（c）5 600 r/min；（d）6 000 r/min；（e）6 500 r/min

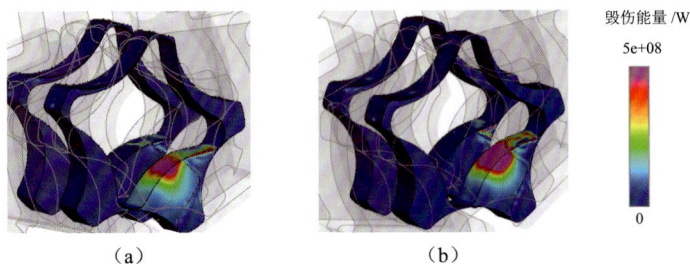

图 5-18　含气量 1.05×10⁻⁴、不同转速下的气蚀分布对比（齿轮角度：＋22.5°）

（a）6 000 r/min；（b）6 500 r/min

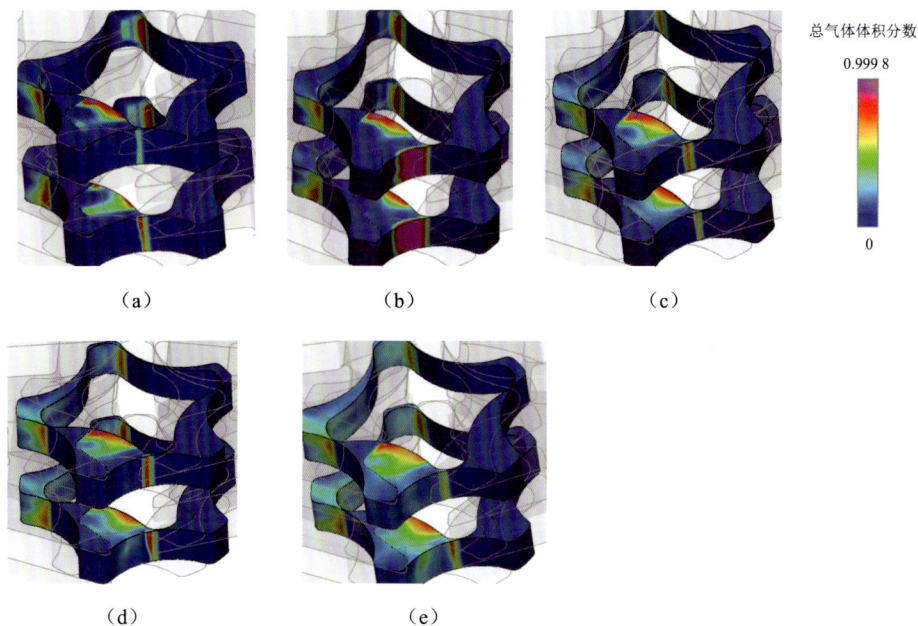

图 5-19　入口压力 80 kPa、不同含气量下的空化分布对比（齿轮角度：-22.5°）
（a）$g_f=3\times10^{-5}$；（b）$g_f=5\times10^{-5}$；（c）$g_f=1.05\times10^{-4}$（d）$g_f=16.76\times10^{-5}$；（e）$g_f=23.74\times10^{-5}$

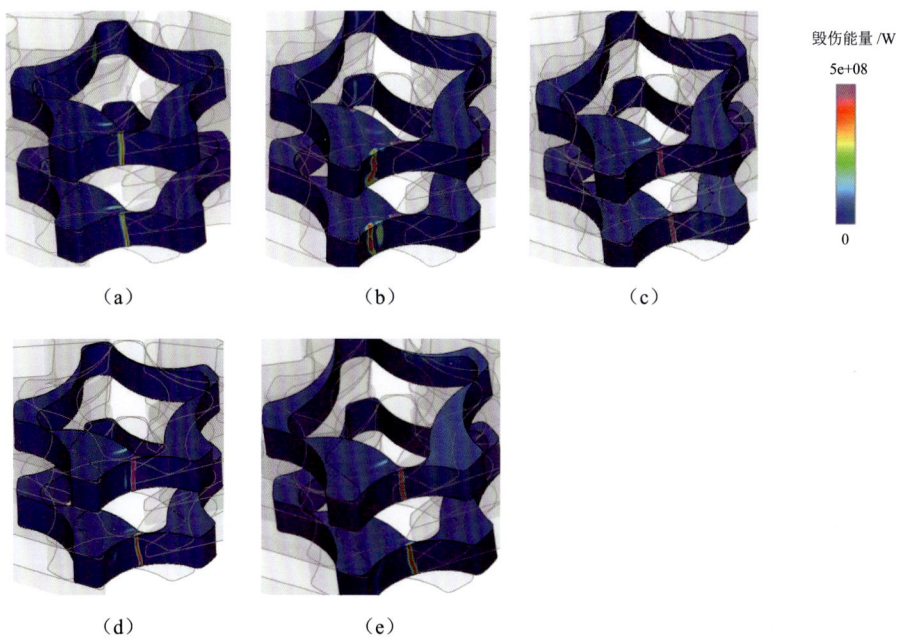

图 5-20　入口压力 80 kPa、不同含气量下的气蚀分布对比（齿轮角度：-22.5°）
（a）$g_f=3\times10^{-5}$；（b）$g_f=5\times10^{-5}$；（c）$g_f=1.05\times10^{-4}$；（d）$g_f=1.676\times10^{-4}$；（e）$g_f=2.374\times10^{-4}$

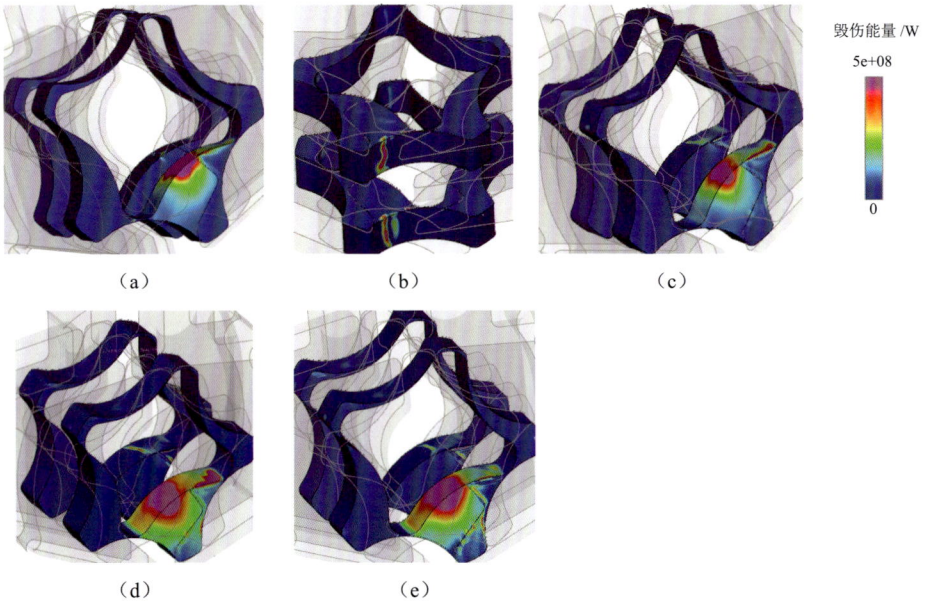

图 5-21　入口压力 80 kPa、转速 6 000 r/min、不同含气量下的气蚀分布对比

(a) $g_f=3\times10^{-5}$，+22.5°；(b) $g_f=5\times10^{-5}$，−22.5°；(c) $g_f=1.05\times10^{-4}$，+22.5°；
(d) $g_f=1.676\times10^{-4}$，0°；(e) $g_f=2.374\times10^{-4}$，+22.5°

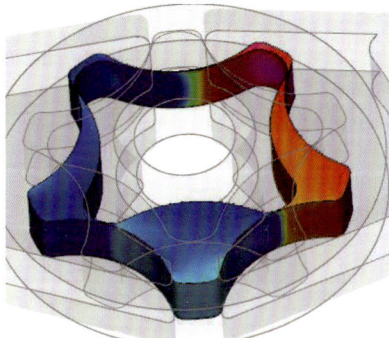

图 6-34　转子区域压力分布